制造业高端技术系列

特种阀门流动分析技术

钱锦远　金志江　著

机械工业出版社

本书从特种阀门的研究现状及发展前景出发，围绕特种阀门的流量、阻力、流场、空化、振动、噪声和密封七个方面，聚焦于主给水调节阀、稳压器喷雾阀、高加疏水阀、特斯拉阀、先导式截止阀、高参数减压阀、心脏瓣阀和LNG低温球阀等几类典型特种阀门，采用数值模拟的方法开展了对应的分析。本书系统地介绍了特种阀门流动分析技术，展示了现阶段研究人员在特种阀门研究领域获得的重要成果，弥补了目前特种阀门流动分析技术中存在的不足，建立了基于流动分析技术的特种阀门结构优化设计方法。本书内容新颖，实用性强，可为后续特种阀门的研究提供理论和方法支持，有较高的参考价值。

本书可供阀门行业的工程技术人员参考，也可供相关专业的在校师生及研究人员参考。

图书在版编目（CIP）数据

特种阀门流动分析技术 / 钱锦远，金志江著 . —北京：机械工业出版社，2021.10（2023.1重印）
（制造业高端技术系列）
ISBN 978-7-111-69060-3

Ⅰ . ①特… Ⅱ . ①钱… ②金… Ⅲ . ①阀门 – 研究 Ⅳ . ① TH134

中国版本图书馆 CIP 数据核字（2021）第 179999 号

机械工业出版社（北京市百万庄大街 22 号 邮政编码 100037）
策划编辑：陈保华 责任编辑：陈保华
责任校对：郑 婕 封面设计：马精明
责任印制：常天培
固安县铭成印刷有限公司印刷
2023 年 1 月第 1 版第 2 次印刷
169mm × 239mm · 14.75 印张 · 298 千字
标准书号：ISBN 978-7-111-69060-3
定价：99.00 元

电话服务 网络服务
客服电话：010-88361066 机 工 官 网：www.cmpbook.com
010-88379833 机 工 官 博：weibo.com/cmp1952
010-68326294 金 书 网：www.golden-book.com
封底无防伪标均为盗版 机工教育服务网：www.cmpedu.com

前　言

　　特种阀门是指能被应用于各种特殊环境且适应各种复杂工况的阀门，是国民经济建设和发展中使用非常广泛的一种通用机械产品，在能源、化工、医药、农业、食品、军工等行业领域都发挥着极其重要的作用。为了促进我国特种阀门研制水平的发展，改善特种阀门的使用性能，并延长其使用寿命，国内一些阀门企业及部分高校开始了针对各类特种阀门的技术攻关。通过自主创新和消化吸收国外先进技术，我国特种阀门的发展逐渐步入新阶段。特种阀门内部流动极其复杂，因此通过数值模拟对各类特种阀门进行流动分析是进行特种阀门研究设计的基础和关键。

　　本书以一些典型的特种阀门为研究对象，总结了针对特种阀门流动分析的新方法和新技术，为提高特种阀门的使用性能和使用寿命提供了理论和技术支撑。本书分为8章：第1章主要对特种阀门进行了简要介绍，并对特种阀门研究过程中涉及的研究方法以及基础理论进行了介绍；第2章针对主给水调节阀、稳压器喷雾阀及高加疏水阀三类典型的特种阀门，分析了阀门的流通能力及流量特性；第3章以特斯拉、先导式截止阀以及高压减压阀为例，阐述了特种阀门压降特性分析的一般流程与技术手段；第4章以多级减压阀、套筒式控制阀和活塞式截止阀为对象，对阀门流体动力学特性进行数值分析；第5章主要以某典型调节阀和心脏瓣阀为研究对象，针对阀内节流处在使用过程中出现的空化现象进行了相关研究；第6章对特种阀门振动研究进行了简要介绍，并对控制阀的流致振动、先导式截止阀阀芯振动问题进行了研究，此外还对主给水调节阀进行了抗震分析；第7章以减压阀为例，介绍了目前国内外减压阀噪声的研究进展，并对高多级减压阀气动噪声进行了研究；第8章介绍了特种阀门密封研究概况，利用热流固耦合方法对LNG低温球阀进行应力应变分析，研究了LNG低温球阀阀体与阀盖之间的密封泄露问题，并以加氢站内高压氢气储罐泄漏为研究点，对不同情形氢气发生泄漏的瞬态过程进行了研究。

　　本书是浙江大学特种控制阀研究团队近10年来科研成果的集中呈现。本书的出版先后得到了国家自然科学基金（51805470）、浙江省重点研发计划（2019C01025）、中国科协青年人才托举工程和浙江省科协育才工程等基金项目的资助，得到了中核苏阀科技实业股份有限公司、杭州华惠阀门有限公司和合肥通用机械研究院等单位专家学者的悉心指导，在此一并表示感谢！

　　书中难免存在不足之处，敬请广大读者批评指正。

作　者

目 录

第1章

绪 论

1.1 特种阀门概述

阀门是流体输送系统中用于启闭管路、控制介质流向、调节介质参数（温度、压力和流量等）的关键配套部件，是国民经济建设和发展中使用非常广泛的一种通用机械产品。其中，能被应用于各种特殊环境，适应各种复杂工况的阀门一般称为特种阀门。特种阀门在能源、化工、医药、农业、食品和军工等领域中都发挥着极其重要的作用。例如：应用于大型承压设备的安全阀，如图 1-1a 所示；应用于蒸汽加热系统的疏水阀，如图 1-1b 所示；应用于热电联产系统的高参数减压阀，如图 1-1c 所示；应用于液化天然气（LNG）传输系统的 LNG 低温球阀，如图 1-1d 所示；应用于心血管系统中的心脏瓣阀（一种双阀瓣止回阀），如图 1-1e 所示；应用于压水堆核电站中的主给水调节阀，如图 1-1f 所示。

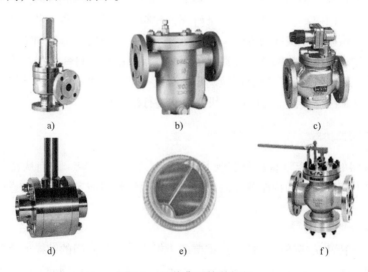

图 1-1 几种典型特种阀门

a）安全阀 b）疏水阀 c）减压阀 d）LNG 低温球阀 e）心脏瓣阀 f）主给水调节阀

改革开放以来，我国阀门行业发展迅速。阀门企业由原先的十几家发展到如今的6000 多家，年产值从原先的几亿元人民币发展到现在的数千亿元人民币。同时，阀门产品的种类也越来越丰富。到目前为止，我国阀门企业已经能生产包括球阀、闸阀、截止阀、止回阀、蝶阀、截流阀、旋塞阀、隔膜阀和安全阀等在内的全部 12 大类、3000 多个型号、40000 多个规格的阀门产品，我国也已成为了世界上最大的阀门生产国。

虽然近年来我国阀门行业发展迅速，但很多方面仍存在着诸多不足。目前，国内一些涉及超高温、极低温、超高压、核环境、真空环境和特殊流体介质等复杂工况条件的特种阀门仍严重依赖进口。特种阀门属于高端阀门，其技术含量高，功能要求多，应用领域广，研发周期长，从研发、设计、制造、加工到检验的各个环节均需投入较高的成本。因此，国内的绝大多数阀门企业仍将其产品重心放在中低端阀门市场，具备高端特种阀门生产能力的企业为数很少。由此带来的不良影响便是国内许多重大工业领域所需的特种阀门严重依赖进口，关键技术产品容易被国外"卡脖子"。

为了提高我国特种阀门的研制水平，满足我国工业发展的需要，国内一些阀门企业、科研院所及高校都开始了针对各类特种阀门的技术攻关，致力于通过消化吸收国外先进技术和自主创新，促进我国特种阀门行业的发展。

1.2　特种阀门流动分析研究现状

特种阀门往往被称为工业管道的"咽喉"，而流动的介质则被称为是"血液"。因此，研究特种阀门内部的流动特性，是研究特种阀门的基础。多年来，国内外众多研究人员通过数值模拟和实验的方法，深入研究了特种阀门的内部流动特性，分析了特种阀门使用过程中出现的问题，并提出了对应的解决措施，进一步提高了特种阀门各方面的性能，使得特种阀门能更好地满足各种复杂工况需求。以下将从特种阀门流动特性和流致现象两个方面，对国内外研究现状进行论述。

1.2.1　流动特性研究

特种阀门的内部流动特性是实现其调控能力的内在表现，人们从特种阀门的流量特性、阻力特性、流场特性等方面出发，采用数值模拟与实验的方法进行了大量研究。

1. 流量特性

阀门流量特性是描述阀门性能最重要的指标之一，与阀门的结构形式及尺寸直接相关，受到了国内外学者的广泛关注。郑建光等 [1] 根据电动球阀的实验研究数据，分析了该阀的流量 - 压力特性关系后指出，阀门的流量调节性能可用流量调节刚度来衡量，并给出了球阀流量调节刚度随相对开度的变化规律。杨国来等 [2] 以套筒式调节阀为研究对象，基于孔板流量计原理分析了其流量特性，得到了套筒式调节阀流量系数与其开口面积之间的关系，并推出了具有等百分比流量特性曲线的阀门流道面积计算公式。笔者[3]提出了一种具有新型阀芯的减压阀，对其内部流动特性进行了数值模拟，并通过实验对其流量调节性能进行了研究，发现了该阀的流量调节性能与进口压力之间变化的规律，总结了在不同工况下的流量预测方程。

Chern 等[4]研究了角度分别为 30°、60° 和 90° 的 V 形切口对球阀容积流量和流量特性的影响，发现了 V 形切口的角度为 30° 和 60° 时，流量与阀门开度成正比。陶国庆等[5]对迷宫式调节阀内部流场进行了数值模拟，获得了流场中压力和速度分布，计算了流量系数并得到了流量特性曲线，发现该调节阀流量特性为线性流量特性。陶晓磊等[6]提出了一种调节阀流量测量方法，通过非稳态流量测量实验发现，该方法的测量误差主要来源于阀芯的快速运动和运动方向的转换。

2. 阻力特性

特种阀门内部结构复杂，流体经过阀门后，往往会产生较大的压力损失。一般情况下，需要降低阀门内的压力损失以提高流体输送效率，但也有部分阀门需要利用压力损失来降低流体压力。因此，为了有针对性地减少或利用压力损失，国内外学者进行了大量的研究。Arivazhagan 等[7]研究了空气 - 水两相流对气动调节阀压降的影响，发现压降随气液比的增大而增大，其变化程度的大小取决于阀门的开度。宋忠荣等[8]模拟了高压差工况下最小流量调节阀的调节特性，结果表明，迷宫流道结构能达到各级均匀降压的效果，可提高节流副的阻力系数。张文其等[9]对一体化铸造阀门的流阻特性进行了数值模拟，对其阻力特性能否满足在役核电厂测温旁路系统的阻力要求进行了诊断。

周志杰等[10]针对船舶管路阀门的阻力系数进行了试验研究量，对比了不同阀门结构及不同阀门开度下的阻力系数，确定了影响阀门阻力系数的主要因素。张璐等[11]对先导式安全泄压阀在不同开度下的阀门局部阻力系数进行了实验研究发现，阻力系数的增大速率会随着阀门开度的变化而变化。石喜等[12]采用数值模拟和实验的方法，得到了 5 种不同口径的 PVC 球阀的阻力系数。笔者[13]研究了不同流向纳米流体在微尺度特斯拉阀中的流体分布和压力情况，发现当纳米流体反向流动时，在弧形通道出口处的射流对压降的影响非常明显，这是导致反向流动压降大于正向流动的重要原因。

3. 流场特性

阀门内部流场形状及其变化规律决定了阀门能否实现预期功能，而特种阀门内部流场更为复杂。为了获得特种阀门更加优异的外在调控能力，人们对特种阀门流场进行了深入的研究。Bernad 等[14]建立了一个定量描述锥阀内单相流涡流的模型，在给出了腔内的压力和密度分布，并与液体流动结果进行了比较后，发现通过液体流动模型可以预测阀内空腔的范围。郭崇志等[15]结合 CFX 动网格技术和 CEL 编译语言构建了安全阀瞬动力模型，分析和讨论了阀门开启过程中的流场参数间的影响机理，

指出安全阀的流场参数在不同时刻和不同空间位置上存在突变点。何庆中等[16]采用
Schnerr-Sauer 空化模型和 Mixture 两相流模型，对某超（超）临界主给水调节阀内部
流场进行数值模拟，研究了笼罩层数与导流槽宽度对流场空化的影响。徐志鹏等[17]
利用计算流体动力学方法研究了高压气动减压阀内流场分布，指出进气节流口处气流
与阀芯的碰撞容易导致阀内结冰。李宇飞等[18]研究了用于盲文显示的 ER 微阀门拉伸
流场对其长时间工作后恢复时间的影响，发现拉伸流场能在一定程度上改善阀门的恢
复性能，保证阀门使用的持久性。

在进行流场分析时，除了采用数值模拟的方法，很多研究人员还采用了激光粒子
图像速度场测试技术（PIV）。惠伟等[19]在研究了不同阀门角度下蝶阀后双弯管模型
中的复杂流动现象后指出，数值计算结果同粒子图像速度场测量技术得到的速度云图
基本吻合，阀门角度对流场的影响较大，弯管中流体质点二次流、流动分离及流动剪
切膨胀等是影响流场的重要因素。谢龙等[20]利用 PIV 技术对阀体后 90° 圆截面弯管
的内部流场进行测量，获取了弯管内大量高分辨率瞬态速度场数据，结果表明，阀体
后弯管流场存在明显的高速区和低速区，并在特定工况下产生涡流。

综上所述，国内外对于阀门流动特性开展了较多的研究，对于人们进一步认识
并使用各类阀门有极大的帮助。但特种阀门的应用工况更为复杂，且须考虑更多的因
素，因此对于特种阀门内部的流动特性仍须开展更深入的研究。

1.2.2   流致现象研究

为了进一步提高特种阀门的工作性能与使用寿命，人们对空化、振动、噪声和泄
漏等流致现象进行了深入研究，并对各类特种阀门的结构形式进行了不断的改进和创
新设计。

1. 空化

当阀门内部流体压力降至饱和蒸汽压以下时，就会发生空化现象，损坏阀门内部
构件。为了抑制空化的发生，人们针对特种阀门空化机理及其抑制方法做了大量的研
究工作。王黎等[21]对高温高压液控阀在实际工况下的空化特性进行了数值分析，获
得的分析结果与阀芯的实际失效形貌基本吻合。李莹等[22]为了验证高温气冷堆示范
工程中主给水隔离阀的运行可靠性，采用数值分析方法进行了主给水隔离阀在不同开
度下的定常流动分析，证明了主给水隔离阀在其正常运行和动作过程中不会产生空化
现象；但若故障使得主给水隔离阀关闭不到位或处于小开度（如 1%）运行时，产生
空化的可能性较大。Couzient 等[23]对安全泄放阀的空化现象进行了数值模拟，并预测
了空化条件下泄放系数的变化规律。李树勋等[24]针对超（超）临界火电机组疏水系
统中的套筒式多级降压调节阀，分析了高温水高压降空化引起汽蚀破坏的现象，发现
增加套筒级数、增加级间间隙可抑制空化的发生及发展。笔者[25]对先导式截止阀的
流动和空化进行了分析，发现在阀座接近出口的位置蒸汽体积分数达到最大，最易发

生空化。

Tsukiji 等[26]利用流场可视化实验与流场仿真分析了平衡阀的空化现象,通过改变阀芯凸缘形状可达到抑制空化发生的效果。侯聪伟等[27]研究了笼罩结构参数对带多孔笼罩椭球形阀芯空化的影响,明确了提高多孔笼罩抑制空化作用的具体结构参数。张含等[28]研究了最大流量工况和正常流量工况下高加疏水阀内空化流动的发展情况,发现空化最严重的部分为阀座底部;在原有基础上给高加疏水阀增加一级节流套筒,可改善空化情况,若调整套筒间隙并增加套筒级数,能够更好地抑制空化。于蕾[29]分析了调节阀中产生空化的原因,并提出了在选型、阀内件处理方面的解决方案。此外,张毅雄等[30]对多级节流孔板设计原理及抑制空化进行了研究;万胜军等[31]总结空化在阀门内发生的机理,分析了调节阀使用过程中产生空化的原因,提出了在阀内加入防空化多级节流元件的改进措施。

2. 振动

特种阀门内部流动十分复杂,经常容易引起阀门振动,不仅降低阀门寿命,还影响管路系统的安全。为了尽量减少阀门振动,国内外学者进行了深入的研究。曾立飞等[32]在研究高参数汽轮机中调节阀的振动问题时,提出了一种新颖的网格控制方法,避免了以往动网格变形中由于边界层网格畸变过大而导致的计算发散,确保了数值计算的准确性。马玉山等[33]建立了可变压差下自动调节阀阀门内部流场模型对阀芯进行耦合动力学分析,发现当由气动执行机构进行调节阀开度调节时,阀芯有一个振动的过程,且阀芯的振动是一种有规律的衰减振动。

Amini 等[34]将阀芯设计成不同角度的锥形或阶梯形,证明可以减小阀门振动,进而减少出口的压力波动。陈伟、陈静涛等[35, 36]详细分析了火力发电站管道阀门振动带来的危害,并提出了调整管系固有频率、增加减振器、改造节流孔板、增大或缩减流量等应对策略。刘丽等[37]分析了某化工厂气体输送管道阀门在小开度工况下的管路振动现象,明确了振动的激励源,发现阀门后流体脉动是引起管道振动的主要原因,提出了在阀门后流道增加隔板措施,结果表明减振效果明显。张希恒等[38]对某船用截止阀进行了固有频率分析,在模态分析的基础上,通过施加激振载荷开展了谐响应分析,提出了通过增大支架横截面积能够有效地改变截止阀振动响应的优化措施。

3. 噪声

特种阀门复杂的内部流道结构会加剧阀内流体的湍流程度,容易产生噪声,影响阀门寿命和操作人员健康。因此,国内外研究人员从阀门噪声产生机理出发,提出了诸多可行的降噪方法。Nakano 等[39]根据滞止压力与大气压的比值,将减压阀内流动分为弱锥面流、强锥面流、阀座流、自由出流四种,发现沿阀芯的环形射流与壁面易发生分离,且分离边界层非常不稳定,易产生旋涡,从而引起腔内共振并产生噪声。陈修高等[40]采用声振耦合计算了调节阀的声学响应,明确了噪声产生的位置。孙长周等[41]计算了某型号流量调节阀在内部湍流作用下通过阀门壳体向外传播的噪声,获得了外部监测点的声压级频谱曲线，提出了一种基于结构改造的降噪方案。

臧恒波等[42]针对一种新型止回阀搭建了稳态噪声特性分析实验台，在稳态工况下进行了不同初始压力和不同流量变化方向的实验，发现新型止回阀噪声与流体的流量成对数关系，阀门噪声与流体的静压力及管路流量变化的方向无关。方超等[43]研究了船舶自流注水系统阀门的噪声特性，验证了阀门噪声经验公式和声学数值计算法对阀门噪声预测的可靠性，提出在工程实际中可用于阀门噪声的初步检测。何涛等[44]以某型分层迷宫式控制阀为对象进行了低噪声的优化设计，对比试验表明，相同水力状态下新型低噪声控制阀水动力噪声、振动响应和空气噪声都显著降低。许飞、贺尔铭[45]针对飞机环控管路系统中蝶形阀板产生的气动噪声进行了阀门降噪优化设计，研究了阀门开度、位置、气流流速、管道直径和温度对噪声的影响规律，并提出了新的降噪方法。

4. 密封与泄漏

由于工作环境、工况参数和介质本身等方面的特殊性，特种阀门极易发生泄漏，特别是当阀内介质为易燃、易爆、有毒或强腐蚀性流体时，阀门泄漏将产生巨大的危害。为避免出现阀门泄漏，国内外的学者采用了多种方法对特种阀门密封与泄漏进行分析。Mathieu等[46]分析了热冲击对超低温截止阀法兰处密封的影响规律。肖箭、邓德伟[47]分析了超低温阀门的密封结构、关闭力矩及相关零件的材料性能，设计了超低温阀门的低温密封试验装置系统。张季等[48]对核电用爆破阀进行了热固耦合分析，计算了爆破阀的预紧力、温度场、应力场、垫片接触应力，研究了螺栓拉伸力最低垫片的密封性能。偶国富等[49]以煤气化系统中锁渣阀的主密封结构为研究对象，提出了粗糙平面下的平均泄漏量计算方法，揭示了球阀表面粗糙度、表面纹理结构对阀门泄漏量的影响规律，以及阀门泄漏量与密封比压的对应关系。刘先冬等[50]根据密封性能对密封比压的要求，分析了密封面宽度与密封比压的关系，提出了利用流体介质自身压力提供阀座轴向推力迫使阀座补偿摩擦损失的方法，从而达到自补偿密封的效果，解决了球阀在高温高压等苛刻运行工况中，主密封结构密封面受到摩擦磨损后导致的阀门泄漏、密封性能降低等问题。

Erdem等[51]对方向控制阀的泄漏进行了研究，分析了锥形阀芯表面黏性摩擦力的分布，指出可以通过选取适当的阀芯长度、阀芯锥度和油膜厚度来减小泄漏和摩擦力。张海峰、李振林等[52, 53]介绍了声发射检测方法，指出了其在输气管阀门内漏检测应用过程中的关键技术问题，对输气管道球阀内漏声发射特征及机理、声发射信号降噪与特征参数提取、内漏流量预测等问题进行了重点描述。叶子等[54]提出了一种超高动态范围的全光纤超声传感系统，经过阀门泄漏实地测试验证了系统的实用性和可行性，并在实验室条件下对系统的动态范围进行了具体的测试分析。

由此可知，国内外对阀门空化、振动、噪声和泄漏等问题已经有了大量的研究，在很多实际工程项目中也有了更好的应用。但对于特种阀门来说，这些研究还远远不够，在更加复杂、更有针对性的环境中，上述问题会变得更加突出。如何设计出性能更优良、寿命更长的特种阀门还应进行更深入的研究。

1.3 特种阀门流动分析数值方法

特种阀门数值分析的理论基础是计算流体动力学（computational fluid dynamics，简称 CFD），其通过计算机数值计算和图像显示，对包含有流体流动和热传导等相关物理现象的系统做出分析。CFD 与理论分析方法、实验测试方法构成了研究流体流动问题的完整体系，如图 1-2 所示。

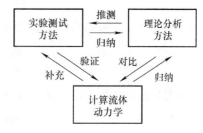

图 1-2 研究流体流动问题的完整体系

数值分析的优点是适用性强，应用面广。流动问题的控制方程一般都是非线性方程，很难求得解析解，但采用数值分析方法则可以找出满足工程需要的数值解。数值分析不受物理模型和实验模型的限制，节省经济成本和时间成本，灵活性较好，很容易模拟特殊尺寸、高温、有毒、易燃等真实条件和实验中只能接近而无法达到的理想条件，并且可以得到丰富的流场信息。但数值分析存在一定的局限性。数值解法是一种离散近似的计算方法，最终结果只是有限个离散点的数值解，存在一定的计算误差；使用 CFD 仿真模拟时，需要先给出某些流动参数，还应对建立的数值模型进行验证；CFD 软件中的程序编写等操作，很大程度上需要依赖经验与技巧。

采用 CFD 方法对流体流动进行数值模拟，通常包括以下步骤：

1）建立反映工程问题或物理问题本质的数学模型。流体的基本控制方程通常包括质量守恒方程、动量守恒方程、能量守恒方程，以及这些方程相对应的定解条件。

2）寻求高效率、高准确度的计算方法，即建立针对控制方程的数值离散化方法，如有限差分法、有限元法、有限体积法等。

3）编制程序和进行计算。这部分工作包括计算网格划分、初始条件和边界条件的输入、控制参数的设定等，这也是整个过程中耗费时间最多的部分。

4）显示计算结果，一般通过图表的形式展现出来。

1.3.1 流体动力学基础

流体流动要遵循物理守恒定律，基本的守恒定律包括：质量守恒定律、动量守恒定律、能量守恒定律。如果流动包含不同成分（组分）的混合或相互作用，还须遵循组分守恒定律。如果流动处于湍流状态，则须遵循附加的湍流输送方程。控制方程是这些守恒定律的数学描述。

1. 质量守恒方程

任何流动问题都必须满足质量守恒定律。该定律表示为：单位时间内流体微元体中质量的增加，等于同一时间间隔内流入该微元体的净质量。按照这一定律，可导出质量守恒方程：

$$\frac{\partial \rho}{\partial t} + \frac{\partial (\rho u)}{\partial x} + \frac{\partial (\rho v)}{\partial y} + \frac{\partial (\rho w)}{\partial z} = 0 \qquad (1\text{-}1)$$

引入矢量符号 $\mathrm{div}(a) = \partial a_x / \partial x + \partial a_y / \partial y + \partial a_z / \partial z$，式（1-1）写为

$$\frac{\partial \rho}{\partial t} + \mathrm{div}(\rho \boldsymbol{u}) = 0 \qquad (1\text{-}2)$$

也可用符号 ∇ 表示散度，式（1-2）写为

$$\frac{\partial \rho}{\partial t} + \nabla \cdot (\rho \boldsymbol{u}) = 0 \qquad (1\text{-}3)$$

式中，ρ 是密度；t 是时间；$\boldsymbol{u}$ 是速度矢量；u、v 和 w 是速度矢量在 x、y 和 z 方向的分量。

以上式（1-1）~式（1-3）为瞬态三维可压流体的质量守恒方程。若流体不可压，则密度 ρ 为常数，式（1-1）变为

$$\frac{\partial u}{\partial x} + \frac{\partial v}{\partial y} + \frac{\partial w}{\partial z} = 0 \qquad (1\text{-}4)$$

若流动处于稳态，则密度 ρ 不随时间变化，式（1-1）变为

$$\frac{\partial (\rho u)}{\partial x} + \frac{\partial (\rho v)}{\partial y} + \frac{\partial (\rho w)}{\partial z} = 0 \qquad (1\text{-}5)$$

质量守恒方程式（1-1）或式（1-2）称为连续方程。

2. 动量守恒方程

动量守恒定律也是任何流动系统都必须满足的基本定律。该定律表示为：微元体中流体的动量对时间的变化率等于外界作用在该微元体上的各种力之和。该定律实际上是牛顿第二定律。按照这一定律，可导出 x、y 和 z 三个方向的动量守恒方程：

$$\frac{\partial (\rho u)}{\partial t} + \mathrm{div}(\rho u \boldsymbol{u}) = -\frac{\partial p}{\partial x} + \frac{\partial \tau_{xx}}{\partial x} + \frac{\partial \tau_{yx}}{\partial y} + \frac{\partial \tau_{zx}}{\partial z} + F_x \qquad (1\text{-}6a)$$

$$\frac{\partial (\rho v)}{\partial t} + \mathrm{div}(\rho v \boldsymbol{u}) = -\frac{\partial p}{\partial y} + \frac{\partial \tau_{xy}}{\partial x} + \frac{\partial \tau_{yy}}{\partial y} + \frac{\partial \tau_{zy}}{\partial z} + F_y \qquad (1\text{-}6b)$$

$$\frac{\partial(\rho w)}{\partial t} + \text{div}(\rho w u) = -\frac{\partial p}{\partial z} + \frac{\partial \tau_{xz}}{\partial x} + \frac{\partial \tau_{yz}}{\partial y} + \frac{\partial \tau_{zz}}{\partial z} + F_z \qquad (1\text{-}6\text{c})$$

式中，p 是流体微元体上的压力；τ_{xx}、τ_{xy} 和 τ_{xz} 等是因分子黏性作用而产生的作用在微元体表面上黏性应力 τ 的分量；F_x、F_y 和 F_z 是微元体上的体力，若体力只有重力，且 z 轴竖直向上，则 $F_x = 0$，$F_y = 0$，$F_z = -\rho g$。

式（1-6）是对任何类型的流体（包括非牛顿流体）均成立的动量守恒方程。对于牛顿流体，黏性应力 τ 与流体的变形率成比例，其主要形式如下：

$$\tau_{xx} = 2\mu \frac{\partial u}{\partial x} + \lambda \text{div}(\boldsymbol{u}) \qquad (1\text{-}7\text{a})$$

$$\tau_{yy} = 2\mu \frac{\partial v}{\partial y} + \lambda \text{div}(\boldsymbol{u}) \qquad (1\text{-}7\text{b})$$

$$\tau_{zz} = 2\mu \frac{\partial w}{\partial z} + \lambda \text{div}(\boldsymbol{u}) \qquad (1\text{-}7\text{c})$$

$$\tau_{xy} = \tau_{yx} = \mu \left(\frac{\partial u}{\partial y} + \frac{\partial v}{\partial x} \right) \qquad (1\text{-}7\text{d})$$

式中，μ 是动力黏度；λ 是第二黏度，一般可取 $\lambda = -2/3$。将式（1-7）带入式（1-6），得

$$\frac{\partial(\rho u)}{\partial t} + \text{div}(\rho u u) = \text{div}(\mu \text{grad} u) - \frac{\partial p}{\partial x} + S_u \qquad (1\text{-}8\text{a})$$

$$\frac{\partial(\rho v)}{\partial t} + \text{div}(\rho v u) = \text{div}(\mu \text{grad} v) - \frac{\partial p}{\partial y} + S_v \qquad (1\text{-}8\text{b})$$

$$\frac{\partial(\rho w)}{\partial t} + \text{div}(\rho w u) = \text{div}(\mu \text{grad} w) - \frac{\partial p}{\partial z} + S_w \qquad (1\text{-}8\text{c})$$

式中，$\text{grad}(\ ) = \partial(\ )/\partial x + \partial(\ )/\partial y + \partial(\ )/\partial z$；符号 S_u、S_v 和 S_w 是动量守恒方程的广义源项，$S_u = F_x + s_x$，$S_v = F_y + s_y$，$S_w = F_z + s_z$，而其中的 s_x、s_y、s_z 的表达式如下：

$$s_x = \frac{\partial}{\partial x}\left(\mu \frac{\partial u}{\partial x}\right) + \frac{\partial}{\partial y}\left(\mu \frac{\partial v}{\partial x}\right) + \frac{\partial}{\partial z}\left(\mu \frac{\partial w}{\partial x}\right) + \frac{\partial}{\partial x}(\lambda \text{div} u) \qquad (1\text{-}9\text{a})$$

$$s_y = \frac{\partial}{\partial x}\left(\mu \frac{\partial u}{\partial y}\right) + \frac{\partial}{\partial y}\left(\mu \frac{\partial v}{\partial y}\right) + \frac{\partial}{\partial z}\left(\mu \frac{\partial w}{\partial y}\right) + \frac{\partial}{\partial y}(\lambda \text{div} u) \qquad (1\text{-}9\text{b})$$

$$s_z = \frac{\partial}{\partial x}\left(\mu\frac{\partial u}{\partial z}\right) + \frac{\partial}{\partial y}\left(\mu\frac{\partial v}{\partial z}\right) + \frac{\partial}{\partial z}\left(\mu\frac{\partial w}{\partial z}\right) + \frac{\partial}{\partial z}(\lambda\text{div}u) \qquad (1\text{-}9\text{c})$$

一般来说，s_x、s_y 和 s_z 是小量，对于黏性为常数的不可压流体，$s_x = s_y = s_z = 0$。式（1-8）还可以写成展开形式：

$$\frac{\partial(\rho u)}{\partial t} + \frac{\partial(\rho uu)}{\partial x} + \frac{\partial(\rho uv)}{\partial y} + \frac{\partial(\rho uw)}{\partial z}$$
$$= \frac{\partial}{\partial x}\left(\mu\frac{\partial u}{\partial x}\right) + \frac{\partial}{\partial y}\left(\mu\frac{\partial u}{\partial y}\right) + \frac{\partial}{\partial z}\left(\mu\frac{\partial u}{\partial z}\right) - \frac{\partial p}{\partial x} + S_u \qquad (1\text{-}10\text{a})$$

$$\frac{\partial(\rho v)}{\partial t} + \frac{\partial(\rho vu)}{\partial x} + \frac{\partial(\rho vv)}{\partial y} + \frac{\partial(\rho vw)}{\partial z}$$
$$= \frac{\partial}{\partial x}\left(\mu\frac{\partial v}{\partial x}\right) + \frac{\partial}{\partial y}\left(\mu\frac{\partial v}{\partial y}\right) + \frac{\partial}{\partial z}\left(\mu\frac{\partial v}{\partial z}\right) - \frac{\partial p}{\partial y} + S_v \qquad (1\text{-}10\text{b})$$

$$\frac{\partial(\rho w)}{\partial t} + \frac{\partial(\rho wu)}{\partial x} + \frac{\partial(\rho wv)}{\partial y} + \frac{\partial(\rho ww)}{\partial z}$$
$$= \frac{\partial}{\partial x}\left(\mu\frac{\partial w}{\partial x}\right) + \frac{\partial}{\partial y}\left(\mu\frac{\partial w}{\partial y}\right) + \frac{\partial}{\partial z}\left(\mu\frac{\partial w}{\partial z}\right) - \frac{\partial p}{\partial z} + S_w \qquad (1\text{-}10\text{c})$$

式（1-8）和式（1-10）是动量守恒方程，简称动量方程，也称为运动方程。

3. 能量守恒方程

能量守恒定律是包含有热交换的流动系统必须满足的基本定律。该定律可表述为：微元体中能量的增加率等于进入微元体的净热流量加上体力与面力对微元体所做的功。该定律实际是热力学第一定律。

流体的能量 E 通常是内能 i、动能 $K\left[K = 0.5\left(u^2 + v^2 + w^2\right)\right]$ 和势能 P 三项之和。内能 i 与温度 T 之间存在一定关系，即 $i = c_p T$，其中 c_p 是比定压热容。由此可以得到以温度 T 为变量的能量守恒方程：

$$\frac{\partial(\rho T)}{\partial t} + \text{div}(\rho u T) = \text{div}\left(\frac{k}{c_p}\text{grad}T\right) + S_T \qquad (1\text{-}11)$$

该式可写成展开形式：

$$\frac{\partial(\rho T)}{\partial t} + \frac{\partial(\rho uT)}{\partial x} + \frac{\partial(\rho vT)}{\partial y} + \frac{\partial(\rho wT)}{\partial z}$$
$$= \frac{\partial}{\partial x}\left(\frac{k}{c_p}\frac{\partial T}{\partial x}\right) + \frac{\partial}{\partial y}\left(\frac{k}{c_p}\frac{\partial T}{\partial y}\right) + \frac{\partial}{\partial z}\left(\frac{k}{c_p}\frac{\partial T}{\partial z}\right) + S_T \qquad (1\text{-}12)$$

式中，c_p 是比定压热容；T 为温度；k 为流体的传热系数；S_T 为流体的内热源及由于黏性作用流体机械能转换为热能的部分，有时简称 S_T 为黏性耗散项。式（1-11）或式（1-12）称为能量方程。

综合基本方程式（1-2）、式（1-8）和式（1-11），发现 u、v、w、p、T 和 ρ 六个未知量，还应补充一个联系 p 和 ρ 的状态方程，方程组才能封闭：

$$p = p(\rho, T) \tag{1-13}$$

该状态方程对理想气体有：

$$p = \rho R T \tag{1-14}$$

式中，R 是摩尔气体常数。

虽然能量方程（1-11）是流体流动与传热问题的基本控制方程，但对于不可压缩流动，若热交换量很小（小至忽略），可不考虑能量守恒方程。只需联立求解连续方程（1-2）及动量方程（1-8）。式（1-11）是针对牛顿流体得出的，对于非牛顿流体，应使用另外形式的能量方程。

4. 控制方程的通用形式

比较三个基本控制方程，它们均反映了单位时间单位体积内物理量的守恒性质。如果用 ϕ 表示通用变量，则可用以下通用形式表示：

$$\frac{\partial(\rho\phi)}{\partial t} + \mathrm{div}(\rho u\phi) = \mathrm{div}(\Gamma\,\mathrm{grad}\,\phi) + S \tag{1-15}$$

式中，ϕ 为通用变量，可以代表 u、v、w、T 等求解变量；Γ 为广义扩散系数；S 为广义源项。式（1-15）中各项依次为瞬态项、对流项、扩散项和源项。

1.3.2　湍流数值模拟方法

湍流流动是一种高度非线性的复杂流动，但人们已经能够通过某些数值方法对湍流进行模拟，并取得了与实际比较吻合的结果。如图 1-3 所示，目前湍流模拟方法可分为直接数值模拟方法和非直接数值模拟方法。其中，直接数值模拟方法是指直接求解瞬时湍流控制方程；而非直接数值模拟方法不直接计算湍流的脉动特性，而是设法对湍流做某种程度的近似和简化处理（如时均性质的雷诺方程）。依赖所采用近似和简化的方法不同，非直接数值模拟方法可分为大涡模拟法、雷诺平均法和统计平均法。其中，统计平均法是基于湍流相关函数的统计理论，主要用相关函数及谱分析的方法来研究湍流结构，统计理论主要涉及小尺度涡的运动，这种方法在工程上应用较少。本节仅对直接数值模拟、大涡模拟、雷诺平均法三种方法做简单介绍。

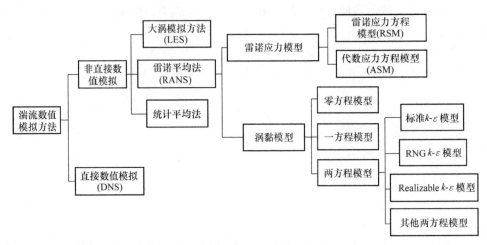

图 1-3　三维湍流数值模拟方法及相应的湍流模型

1. 直接数值模拟

直接数值模拟（direct numerical simulation，简称 DNS）方法就是直接用瞬时的 Navier-Stokes 方程对湍流进行求解计算。DNS 最大的好处是无须对湍流流动做任何的简化近似，理论上可以得到相对准确的计算结果。但是，DNS 对内存空间及计算速度要求非常高。一个 0.1m × 0.1m 大小的流动区域内，在高雷诺数的湍流中涡的尺度为 10 ~ 100μm。为了描述所有的涡，计算的网格节点数将高达 10^9~10^{12}，同时湍流脉动的频率约为 10kHz，因此必须将时间的离散步长取到 100μs 以下。对于这样苛刻的计算要求，目前只有一些超级计算机可以满足，还无法大规模用于真正意义上的工程计算。

2. 大涡模拟

为了模拟湍流流动，一方面计算区域尺寸应大到足以包含湍流运动中出现的最大涡，另一方面计算网格的尺度应小到足以分辨最小涡的运动。但对目前大多数计算机而言，能够采用的计算网格的最小尺度仍比最小涡的尺度大很多。因此，目前只能放弃对全尺度范围上涡的运动模拟，而只将比网格尺度大的湍流运动通过 Navier-Stokes 方程直接计算出来，小尺度涡对大尺度涡运动的影响则通过建立模型来模拟，形成大涡模拟（large eddy simulation，简称 LES）。

LES 方法的基本思路是用瞬时的 Navier-Stokes 方程直接模拟湍流中的大尺度涡，不直接模拟小尺度涡，而小涡对大涡的影响则通过近似的模型来考虑。总体而言，LES 方法对计算机内存及 CPU 速度的要求仍比较高，但低于 DNS 方法。在工作站和一些高档个人计算机上已经可以开展 LES 工作，FLUENT 等商用软件提供了 LES 模块供用户选择。LES 方法也是目前 CFD 研究和应用的热点之一。

3. 雷诺平均法

大多数观点认为，虽然瞬时 Navier-Stokes 方程可以用于描述湍流，但 Navier-Stokes 方程非线性的特性使得用解析的方法精确描述三维时间相关的全部细节极其困难。因此，人们想到求解时均化的 Navier-Stokes 方程，而将瞬态的脉动量通过某种模型在时均化的方程中体现出来，由此产生了雷诺平均法（RANS 方法）。该方法的核心不是直接求解瞬时 Navier-Stokes 方程，而是求解时均化雷诺方程。这样避免了 DNS 方法计算量大的问题，在工程实际应用中取得了很好的效果。雷诺平均法是目前使用最广泛的湍流数值模拟方法。

式（1-16）是时均化的雷诺方程。

$$\frac{\partial}{\partial t}(\rho u_i) + \frac{\partial}{\partial x_j}(\rho u_i u_j) = -\frac{\partial p}{\partial x_i} + \frac{\partial}{\partial x_j}\left(\mu \frac{\partial u_i}{\partial x_j} - \rho \overline{u_i' u_j'}\right) + S_i \tag{1-16}$$

式中有关于湍流脉动值的雷诺应力项 $-\rho \overline{u_i' u_j'}$，属于新的未知量。要使方程组封闭，必须对雷诺应力做出某种假定，即建立应力表达式（或引入新的湍流模型方程），把湍流的脉动值与时均值等联系起来。目前的湍流模型只能以大量实验观察结果为基础，无特定物理定律做依据。根据对雷诺应力做出的假设或处理方式不同，分为两大类湍流模型：雷诺应力模型和涡黏模型。

雷诺应力模型：使用该方法时，直接构建表示雷诺应力的方程，然后联立雷诺方程进行求解。通常情况下，雷诺应力方程是微分形式，称为雷诺应力方程模型。将雷诺应力方程的微分形式简化为代数方程的形式，则称为代数应力方程模型。

涡黏模型：涡黏模型方法不直接处理雷诺应力项，而是引入湍动黏度，或称涡黏系数，然后把湍流应力表示成湍动黏度的函数。湍动黏度的提出源于 Boussinesq 提出的涡黏假定，该假定建立了雷诺应力相对于平均速度梯度的关系，即

$$-\rho \overline{u_i' u_j'} = \mu_t \left(\frac{\partial u_i}{\partial x_j} + \frac{\partial u_i}{\partial x_i}\right) - \frac{2}{3}\left(\rho k + \mu_t \frac{\partial u_i}{\partial x_i}\right)\delta_{ij} \tag{1-17}$$

式中，μ_t 为湍动黏度；u_i 为时均速度；δ_{ij} 是克罗内克函数符号（当 $i = j$ 时，$\delta_{ij} = 1$；当 $i \neq j$ 时，$\delta_{ij} = 0$）；k 为湍动能，可用下式计算：

$$k = \frac{\overline{u_i' u_j'}}{2} \tag{1-18}$$

式中，湍动黏度 μ_t 是空间坐标的函数，取决于流动状态，而不是物性参数（与流体动力黏度 μ 区分）。计算湍流流动的关键就在于如何确定 μ_t。涡黏模型就是把 μ_t 与湍流时均参数联系起来的关系式。依据确定 μ_t 的微分方程数目的多少，涡黏模型可分为零方程模型、一方程模型和两方程模型。两方程模型在工程中使用最为广泛，最基本两方

程模型就是标准 $k\text{-}\varepsilon$ 模型（分别引入湍动能 k 和耗散率 ε 的方程）。此外，还有各种改进的 $k\text{-}\varepsilon$ 模型，包括 RNG $k\text{-}\varepsilon$ 模型和 Realizable $k\text{-}\varepsilon$ 模型。

1.3.3　流固耦合分析方法

流固耦合是流体力学和固体力学的交叉学科，其表现为：流场作用于固体结构，使固体结构产生变形或位移，而变形或位移的固体结构反过来作用于流场，使流场发生改变。阀门结构复杂，内部存在节流元件。流体经过节流元件时，会产生涡流、不稳定流动、空化等现象，这使得阀内流场变得十分复杂。复杂的流场可能会使阀门结构受力不均、发生变形、产生振动等，这些都属于阀门的流固耦合作用。流固耦合作用较明显时，会影响阀门的使用性能，甚至使阀门失效。

1. 单场研究与流固耦合模拟的比较

针对阀门流场的研究主要有：不考虑阀门中的流固耦合作用，仅对阀门流场进行研究的单场研究，以及考虑阀门的流固耦合作用，既对流场也对固体结构进行研究的流固耦合模拟。单场研究是将固体结构视为刚体，当流场压力较小或在流场作用下固体结构的变形及位移较小时，单场研究可以得到较为准确的结果。

流固耦合模拟考虑了阀门中的流固耦合作用，更符合阀门的实际工况，尤其是当流场压力大、流动复杂、流固耦合作用明显时，可以得到比单场研究更准确的结果。

流固耦合模拟不仅能得到流场的信息，也能得到固体结构的信息，如阀门的振动特性、变形情况等，这些都是单场研究所不能得到的。此外，流固耦合模拟更符合阀门的实际情况，能得到更准确的结果。因此，近年来越来越多的学者采用流固耦合研究方法对阀门进行研究。

2. 单向流固耦合模拟与双向流固耦合模拟

在流固耦合模拟中，流场将压力传递给固体结构，固体结构将节点位移传递给流场。根据数据是否双向传递，流固耦合模拟可分为单向流固耦合模拟与双向流固耦合模拟[55]，其数据传递方向示意图分别如图 1-4 所示。

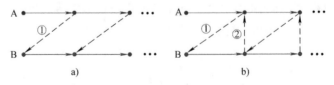

图 1-4　数据传递方向

a）单向流固耦合　b）双向流固耦合

A—CFD　B—CSD（computational solid dynamics，计算固体力学）　①—压力　②—节点位移

单向流固耦合模拟即流场与固体结构的数据为单向传递，根据数据传递方向，可分为流 - 固单向耦合和固 - 流单向耦合。流 - 固单向耦合是流场将压力传递给固体结

构，而固体结构的节点位移并不反馈给流场。固 - 流单向耦合是固体结构将节点位移传递给流场，而流场的压力并不反馈给固体结构。流 - 固单向耦合适用于在流场作用下，固体结构的变形和位移较小，且固体结构的变形及位移并不显著影响流场的流动状况。流 - 固单向耦合被广泛地运用于阀门的静力学分析、小幅度振动特性研究等。固 - 流单向耦合忽略了流场对固体场的影响，能用流场求解器单独完成，可用于模拟处于运动状态的阀门固体结构对流场的影响。

双向流固耦合的基本思路是在每次大迭代中，分别进行一次流场计算和固体结构计算，然后通过中间平台相互交换数据，再进行迭代计算，直到收敛为止[64]。根据是否考虑固体结构变形，双向流固耦合又可分为无变形双向耦合和有变形双向耦合。

无变形双向耦合是将固体结构视为刚体，只考虑固体结构在流场作用下的位移而忽略了固体结构的变形。

有变形双向耦合既考虑了固体结构在流场作用下位移，也考虑了固体结构的变形。该方法适用于研究阀门的大变形、大幅度振动等情况。

3. 双场耦合与多场耦合

双场耦合在多数情况下为流场与固体结构的耦合（流固耦合）。除此之外，也有部分学者利用声固耦合来代替流固耦合，该方法是将流场区域视为声场，利用声场代替流场。利用声固耦合替代流固耦合可以不受流体载荷类型的限制，能更好地模拟复杂的流场。

多场耦合主要有热流固耦合和声流固耦合等。热流固耦合是在流固耦合的基础上，考虑温度场对阀门结构和流场的影响。在实际工况下，受温度的影响，阀门的固体结构会发生变形。当各处变形不能较好协调时，固体结构会相互约束从而产生内应力，这种内应力即为热应力。当阀门所处环境温度较极端或阀门的固体结构温度梯度较大时，会产生较为显著的热应力，此时不能忽略温度场对阀门的影响。对于这类阀门而言，单独采用热固耦合或流固耦合模拟，往往不能得到理想的结果，需要采用热流固耦合对其进行研究。阀门结构的振动、流场的空化等现象会产生噪声，噪声会影响设备的正常运行。利用声流固耦合可以得到阀门的噪声分布情况，为阀门的降噪技术研究提供参考。

1.4　本书主要内容

目前针对特种阀门的研究主要通过数值模拟和实验研究两种方法进行。事实上，由于特种阀门应用场合特殊，内部介质的流动极其复杂，导致对其进行实验研究的成本十分高昂。因此，通过数值模拟方法对各类特种阀门进行流动分析是开展特种阀门研究的首要选择。

本书第一部分介绍了特种阀门的发展情况及研究现状，并介绍了几种对特种阀门进行分析的数值方法。第二部分基于数值模拟的方法，以特种阀门的流量、阻力、流场、空化、振动、噪声和密封七个方面为切入点，对特种阀门进行了深入具体的流动分析。为了更加直观，本书针为每一研究内容挑选了 1~3 个具有代表性的特种阀门。所选取的特种阀门包括主给水调节阀、稳压器喷雾阀、高加疏水阀、特斯拉阀、先导式截止阀、减压阀、活塞式截止阀、心脏瓣阀和 LNG 低温球阀等。本书着重展示了现阶段研究人员进行特种阀门流动分析的过程，以及所获得的一些成果，以冀对后续特种阀门的研究提供参考与借鉴。

参考文献

[1] 郑建光，刘长海. 电动球阀流量特性实验研究 [J]. 阀门，2005（1）：17-19.

[2] 杨国来，曹文斌，刘小雄，等. 调节阀阀口设计与仿真分析 [J]. 机床与液压，2013，41（13）：78-80.

[3] QIAN J Y, WEI L, ZHANG M, et al. Flow rate analysis of compressible superheated steam through pressure reducing valves [J]. Energy, 2017, 135 : 650-658.

[4] CHERN M J, WANG C C. Control of volumetric flow-rate of ball valve using V-port [J]. Journal of Fluids Engineering, Transactions of the ASME, 2004, 126（3）: 471-481.

[5] 陶国庆，刘建峰，张绍华，等. 迷宫式调节阀流量特性的数值模拟 [J]. 流体机械，2014，42（11）: 50-53.

[6] 陶晓磊，赵晓东，吴俊，等. 基于调节阀的流量测量方法实验研究 [J]. 中国计量学院学报，2014，25（2）: 144-149.

[7] ARIVAZHAGAN M, KARSHNA, K K, SUNDARAM S, et al. The Effect on Pressure Drop across Control Valve for Two Phase Flow（Air-Water）[J]. Sensors & Transducers, 2009, 102（3）: 105-114.

[8] 宋忠荣，陶国庆，刘建峰，等. 最小流量调节阀内部流场及流量特性模拟研究 [J]. 流体机械，2014，42（5）: 31-34.

[9] 张文其，曹思民，叶竹，等. 在役核电厂测温旁路阀门阻力特性数值模拟分析 [J]. 科技视界，2017（23）: 86-87.

[10] 周志杰，沈正帆，种道彤. 船舶管路阀门阻力系数试验研究 [J]. 中国科技论文，2015，10（10）: 1197-1202.

[11] 张璐，朱满林，张言禾，等. 先导式安全泄压阀阀门阻力系数实验研究 [J]. 管道技术与设备，2012（2）: 24-26.

[12] 石喜，吕宏兴，张宽地，等. 聚氯乙烯球阀水流阻力特性及流动规律分析 [J]. 农业工程学报，2013，29（4）: 95-101，106.

[13] QIAN J Y, CHEN M R, LIU X L, et al. A numerical investigation of the flow of nanofluids through a micro Tesla valve [J]. Journal of Zhejiang University-Science A（Applied Physics & Engineering）, 2019, 20（1）: 50-60.

[14] BERNAD S I，SUSAN RESIGA R. Numerical Model for Cavitational Flow in Hydraulic Poppet Valves [J]. Modelling and Simulation in Engineering，2012，2012：1-10.

[15] 郭崇志，朱寿林. 安全阀开启流场机理的数值仿真与实验研究 [J]. 液压与气动，2012（2）：94-99.

[16] 何庆中，刘怡，陈玺，等. 超（超）临界主给水调节阀流场特性分析 [J]. 水电能源科学，2018，36（6）：175-178.

[17] 徐志鹏，王宣银，罗语溪. 基于 CFD 的高压气动减压阀流场分析 [J]. 液压与气动，2008（10）：54-56.

[18] 李宇飞，徐鲁宁，韩立，等. 拉伸流场对盲文显示 ER 微阀门恢复性能的影响 [C]// 第十三届全国流变学学术会议. 西安：中国化学会，中国力学学会流变专业委员会，2016.

[19] 惠伟，王少飞. 阀门角度对蝶阀后双弯管流场影响的数值模拟研究 [J]. 机电设备，2014，31（2）：77-82.

[20] 谢龙，靳思宇，于建国，等. 阀体后 90° 圆形弯管内部流场 PIV 分析 [J]. 上海交通大学学报，2011，45（9）：1395-1399，1405.

[21] 王黎，偶国富，郑智剑. 高温高压差液控阀空化和空蚀的数值分析 [J]. 液压气动与密封，2013，33（6）：40-43.

[22] 李莹，汪垠，钟军，等. 高温气冷堆示范工程主给水隔离阀空化及振动风险分析 [J]. 中国设备工程，2019（22）：71-72.

[23] COUZINET A，GROS L，PINHO J，et al. Numerical modeling of turbulent cavitation flows in safety relief valves [C]//Asme Pressure Vessels & Piping Conference.California：American Society of Mechanical Engineers，2014.

[24] 李树勋，丁强伟，徐晓刚，等. 超（超）临界多级套筒调节阀空化抑制模拟研究 [J]. 华中科技大学学报（自然科学版），2015，43（3）：37-41.

[25] QIAN J Y，LIU B Z，JIN Z J，et al. Numerical analysis of flow and cavitation characteristics in a pilot-control globe valve with different valve core displacements [J]. Journal of Zhejiang University SCIENCE A，2016，17（1）：54-64.

[26] TSUKIJI T，NAGAI K，SUMITA T. Study on suppression of cavitation near the flange of a poppet valve [J]. Transactions of the Japan Fluid Power System Society，2001，32（1）：7-12.

[27] 侯聪伟，钱锦远，金志江. 笼罩结构对椭球形阀芯抑制空化的参数分析 [J]. 流体机械，2019，47（9）：33-39，32.

[28] 张含，杨晨，仇畅，等. 高加疏水阀内空化模拟及结构优化分析 [J]. 化工机械，2019，46（4）：394-399.

[29] 于蕾. 聚乙烯装置的调节阀选型 [J]. 石油化工自动化，2012，48（4）：73-75，90.

[30] 张毅雄，毛庆，向文元，等. 多级节流孔板在核级管道中的应用 [J]. 核动力工程，2009，30（4）：71-74.

[31] 万胜军 . 电站调节阀汽蚀现象的分析与研究 [J]. 阀门，2003（1）：14-16.

[32] 曾立飞，刘观伟，毛靖儒，等 . 调节阀振动对阀内流场影响的数值模拟 [J]. 中国电机工程学报，2015，35（8）：1977-1982.

[33] 马玉山，相海军，傅卫平，等 . 调节阀阀芯变开度振动分析 [J]. 仪器仪表学报，2007（6）：1087-1092.

[34] AMINI A，OWEN I. A practical solution to the problem of noise and vibration in a pressure-reducing valve [J]. Experimental Thermal and Fluid Science，1995，10（1）：136-141.

[35] 陈静涛，谢帛蓉 . 探究火电厂管道及阀门振动危害处理策略 [J]. 百科论坛电子杂志，2018（10）：586.

[36] 陈伟 . 火力发电厂管道阀门振动危害及对策探讨 [J]. 山东工业技术，2018（7）：172.

[37] 刘丽，张小斌，邱利民 . 大流量气体管道中阀门诱发振动机理研究 [J]. 低温工程，2016（4）：50-55.

[38] 张希恒，焦元阳，黄婉茹，等 . 船用阀门振动谐响应分析及阀盖结构优化 [J]. 石油化工设备，2016，45（5）：8-11.

[39] NAKANO M，NAKANO M，OUTA E，et al. Noise and vibration related to the patterns of supersonic annular flow in a pressure reducing gas valve [J]. Journal of Fluids Engineering，Transactions of the ASME，1988，110（1）：55-61.

[40] 陈修高，张希恒，王世鹏，等 . 调节阀空化噪声数值分析 [J]. 噪声与振动控制，2018，38（6）：52-57.

[41] 孙长周，于新海，宗新，等 . 内部湍流作用下调节阀外噪声的预测 [J]. 工程热物理学报，2017，38（9）：1866-1871.

[42] 臧恒波，卢佳鑫，周杰 . 新型止回阀稳态噪声特性分析 [J]. 热能动力工程，2019，34（8）：142-146.

[43] 方超，蔡标华，马士虎，等 . 船舶自流注水系统阀门流动噪声预测 [J]. 船海工程，2017，46（6）：108-111.

[44] 何涛，郝夏影，王锁泉，等 . 低噪声控制阀优化设计及试验验证 [J]. 船舶力学，2017，21（5）：642-650.

[45] 许飞，贺尔铭 . 飞机环控管道阀门气动噪声产生机理及其影响因素分析 [J]. 西北工业大学学报，2017，35（4）：608-614.

[46] MATHIEU J P，FERRARI J，RIT J F，et al. Modeling of thermal shock effects on a globe valve body-bonnet bolted flange joint [C]//Asme Pressure Vessels & Piping Conference.California：American Society of Mechanical Engineers，2009.

[47] 孙奇，肖箭，邓德伟 . 液化天然气用超低温阀门的设计与研究 [J]. 阀门，2013（1）：6-11.

[48] 张季，赵国忠，张皓，等 . 基于精细螺栓模型的爆破阀热固耦合密封性能分析 [J]. 压力容器，2018，35（2）：13-23.

[49] 偶国富，贺亮，王超，等 . 金属硬密封球阀粗糙接触平面的密封性能研究 [J]. 浙江理工大学学报（自然科学版），2017，37（1）：47-53.

[50] 刘先冬，顾寄南 . 高温高压球阀主密封结构自补偿设计研究 [J]. 机电工程，2018，35（3）：266-269.

[51] KOC E，SAHIN B. Theoretical analysis of leakage and frictional force in hydraulic directional control valves [J]. Modelling，Measurement and Control B，2000，69（5-6）：51-68.

[52] 李振林，张海峰，夏广辉 . 基于声发射理论的阀门气体内漏量化检测研究 [J]. 振动与冲击，2013，32（15）：77-81.

[53] 张海峰，陈鑫，马斌良，等 . 天然气管道阀门内漏声发射检测方法及关键技术研究进展 [J]. 石油化工自动化，2015，51（3）：53-56.

[54] 叶子，王超 . 用于监测阀门泄漏的超高动态范围全光纤超声传感系统 [J]. 传感技术学报，2016，29（7）：957-961.

[55] 李伟，杨勇飞，施卫东，等 . 基于双向流固耦合的混流泵叶轮力学特性研究 [J]. 农业机械学报，2015，46（12）：82-88.

特种阀门流量分析

  阀门流量是表征阀门流通能力的重要参数。阀门流量特性是指阀门在给定进出口压差的条件下，其流量随阀门开度的变化规律。不同应用场合对阀门的流通能力及流量调节性能的要求不同，所以所用阀门的最大流量及流量特性也各不相同。例如，稳压器喷雾阀在小开度条件下应具备近等百分比流量特性，主给水调节阀在全开度范围内应具备等百分比流量特性。因此，针对阀门的流量特性进行分析，对指导阀门设计，实现需要的流量调节性能具有重要意义。本章主要针对主给水调节阀、稳压器喷雾阀及疏水调节阀三类典型的特种阀门，对其流通能力及流量特性进行分析。

2.1 主给水调节阀流量分析

  主给水调节阀是压水堆型核电站水位控制系统的重要组成部分，用于调节流入蒸汽发生器的给水流量，从而将蒸汽发生器中的水位保持在合适高度。压水堆型核电站（以下简称核电站）的工作原理如图 2-1 所示。核能发生装置（即反应堆）安装于一回路，电能发生装置（即汽轮机与发电机）安装于二回路，两个回路内的工质物理隔离，仅通过蒸汽发生器实现能量交换。一回路中自反应堆而来的载热工质不断将热量输入蒸汽发生器，将由二回路输送来的介质水在蒸汽发生器中蒸发，并最终推动汽轮机与发电机实现发电 [1, 2]。

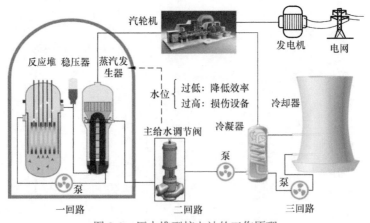

图 2-1 压水堆型核电站的工作原理

蒸汽发生器中的水位高度在很大程度上决定了核电站的安全性[3]与经济性[4]，而蒸汽发生器中的水位高度由给水控制系统控制[5]。主给水调节阀作为给水控制系统中实现流量调节功能的核心部件，其流量特性对蒸汽发生器水位高度的控制效果有着直接影响。因此，对主给水调节阀流量特性的研究是核电站安全性与经济性设计的重要内容。本节将分别针对阀体与阀芯，探讨主给水调节阀结构对其流量特性的影响。

2.1.1　研究模型

1. 几何模型

目前，主给水调节阀主要有柱塞式与套筒式两种结构形式，其中套筒式主给水调节阀的使用更为广泛。本节将针对套筒式主给水调节阀展开研究。本节所述的主给水调节阀公称通径为 550mm，主要由阀体、阀盖、阀杆、阀芯和套筒 5 个部件组成。套筒上开设有 6 个漏斗形节流窗口，如图 2-2 所示。流入阀门的流体在节流窗口处分散成 6 股，流出节流窗口后在阀腔中汇聚再流出阀门。在流量调节过程中，阀芯在套筒的约束下沿竖直方向上下运动，以改变节流窗口的流道面积。

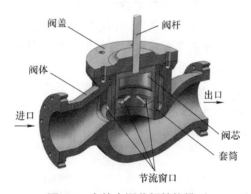

图 2-2　主给水调节阀结构模型

根据文献，套筒式阀门的阀芯分类方法可参考柱塞式阀门，分为平底型阀芯、罐型阀芯和蘑菇型阀芯三类[6]。一些不常见的、难以分类的阀芯则可认为是这三组基本阀芯类型的组合。因此，本节在讨论阀芯结构对主给水调节阀流量特性的影响时，分别建立了包含平底型阀芯、罐型阀芯和蘑菇型阀芯的套筒式阀门结构模型，如图 2-3 所示。平底型阀芯是指底部为一平面的阀芯；罐型阀芯则是指底部上凹，中部中空的阀芯；蘑菇型阀芯是指底部呈现蘑菇状突起的阀芯。在本节中为了便于比较，蘑菇型阀芯的下凸高度与罐型阀芯的上凹高度均设为 250mm。xOz 平面与套筒底面重合，原点设置于底面中心，如图 2-3b 所示。图 2-3 中的符号 L 代表阀门开度。

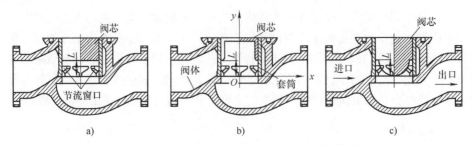

图 2-3 具有不同类型阀芯的主给水调节阀结构模型

a）平底型阀芯 b）罐型阀芯 c）蘑菇型阀芯

当讨论阀体结构对主给水调节阀流量特性的影响时，本节根据几何特点将阀内流道划分为入口流道、柱形流道、窗口流道、环形流道和出口流道 5 个部分，其中入口流道、环形流道和出口流道的几何形状与阀体流道结构直接相关，如图 2-4b 所示。本节中所使用的主给水调节阀左右两端均可作为进出口，但为了分别突出阀芯结构与阀体结构对流量特性的影响，使结果更加明显，在讨论阀芯结构时采用左进右出模式，讨论阀体结构时采用右进左出模式。

为了定量研究阀体结构参数对阀门流动特性的影响，分别选取入口流道、环形流道和出口流道各自的结构特征参数 D_i、D_c 和 D_o 作为研究参量，如图 2-4 c、d 和 e 所示。为便于分析与讨论，设置调节阀入口直径与出口直径相等，记为 D，并以之为基准，对 D_i、D_c 和 D_o 进行无量纲处理，分别得到入口流道系数 $\varphi_i = D_i/D$，环形流道系数 $\varphi_c = D_c/D$ 和出口流道系数 $\varphi_o = D_o/D$ 三个结构特征系数，表征相应流道的变化。对三个结构特征系数分别选取 6 种组合进行研究，为了便于比较，不同结构特征系数的变化范围均设置为 0.5，变化间隔均取 0.1，见表 2-1。

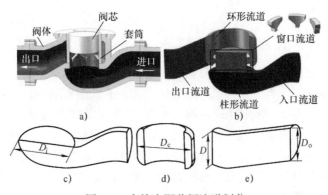

图 2-4 主给水调节阀流道划分

a）主给水调节阀结构 b）主给水调节阀流道 c）入口流道模型 d）环形流道模型 e）出口流道模型

表 2-1   结构特征系数变化系列

结构特征系数	数值					
φ_i	1.0	1.1	1.2	1.3	1.4	1.5
φ_c	1.65	1.75	1.85	1.95	2.05	2.15
φ_o	0.5	0.6	0.7	0.8	0.9	1.0

2. 网格划分及数值模拟设置

阀内流道网格划分如图 2-5 所示。考虑到结构的对称性,取一半流道作为研究对象。为了减小阀门进出口对阀内流场的影响,设置阀前管线流道长度为 550mm (1D),阀后管线流道长度为 2200mm (4D)。由于管线部分流道结构规整,因此采用结构网格进行划分;由于阀内流道部分结构复杂,因此采用非结构网格进行划分以更好地适应边界;由于窗口流道内流

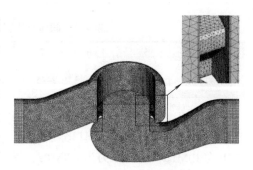

图 2-5   阀内流道网格划分

场变化剧烈,因此对该处进行局部加密以提高计算精度。

为了验证网格的独立性,本节对主给水调节阀在不同的网格数量下的阀内流场进行了计算。由于讨论不同部件结构(即阀体结构与阀芯结构)对主给水调节阀流量特性的影响时所采用的介质流动方向不同,因此应分别进行网格独立性验证。

进行阀芯结构的网格独立性验证时,采用两倍加密法。对每种阀芯结构均建立三套不同划分策略的网格;对于同一种阀芯结构的三套网格,其两两之间网格数量均相差约一倍。选取最大开度作为验证算例,计算的参考量为质量流量。由表 2-2 可知,在分析范围内,质量流量随网格数量的波动很小。这说明在此范围内网格独立性满足计算要求,即网格数量对计算结果的影响可忽略。为了在保证计算精度的同时减小计算资源的消耗,本节在讨论阀芯结构对主给水调节阀流量特性的影响时,采用表 2-2 中的"细密"级网格划分策略。

进行阀体结构的网格独立性验证时,采用均匀加密法。以 $\varphi_i = 1.5$,$\varphi_c = 1.65$,$\varphi_o = 1$ 对应的结构模型为例,以相同的间隔从粗糙到精密逐渐加密网格。同样地,在该例中阀门开度选取最大开度,质量流量作为计算参考量。由表 2-3 可知,随着网格数的增加,质量流量逐渐增大,但其变化量逐渐减小。当网格数大于 103×10^4 时,可以认为流体质量流量达到稳定。同样为了兼顾计算精度与计算成本,本节在讨论阀体结构对主给水调节阀流量特性的影响时采用表 2-3 中的 114×10^4 网格数所对应的网格划分策略。

阀芯与阀体结构影响的网格独立性验证结果分别见表 2-2 与表 2-3。

表 2-2　阀芯结构影响的网格独立性验证

划分策略	蘑菇型阀芯		罐型阀芯		平底型阀芯	
	网格数 /10^4	质量流量 / (kg/s)	网格数 /10^4	质量流量 / (kg/s)	网格数 /10^4	质量流量 / (kg/s)
粗糙	77	1952.75	73	2270.24	78	2254.44
细密	152	1985.66	149	2287.96	156	2274.27
精密	308	2003.54	309	2295.17	318	2271.56

表 2-3　阀体结构影响的网格独立性验证

网格数 /10^4	53	66	73	82	95	103	114	124
质量流量 / (kg/s)	2438.29	2443.99	2445.39	2449.20	2452.76	2455.30	2456.42	2456.66

本节中，主给水调节阀的工作介质为 250℃高温水，密度为 799kg/m³，黏度为 1.098×10^{-4}Pa·s。阀门进出口分别采用压力入口和压力出口作为边界条件，其中入口压力为 10MPa，出口压力为 6.8MPa，阀门内部壁面采用无滑移壁面边界条件。为降低计算难度与计算资源消耗，采用雷诺时均法简化控制方程；因稳态解已可满足计算需求，故计算过程中舍去时间项，为了求解因雷诺时均化而引入的雷诺应力项，引入 Realizable k - ε 模型对时均化的控制方程进行补充。计算依照 SIMPLE 算法进行，近壁面流体采用标准壁面函数处理。为了提高计算收敛性，运用一阶迎风格式湍动能、湍流耗散率和对流项的离散，选用一阶中心差分格式扩散项的离散。计算收敛条件为：各残差均低于 10^{-5}；监控点速度波动低于 1%，监控点位于阀门出口中心。

2.1.2　阀芯结构对阀门流量特性的影响

阀门固有特性一般是指阀门相对流量与相对开度之间的对应关系，是评价阀门流量特性的重要指标之一。相对开度 η 与相对流量 λ 的定义式分别如下所示：

$$\eta = \frac{L}{L_{\max}} \times 100\% \tag{2-1}$$

$$\lambda = \frac{Q}{Q_{\max}} \times 100\% \tag{2-2}$$

式中，L 是阀门开度，如图 2-3 所示；$L_{\max}$ 是阀门最大开度；Q 是通过阀门的流体流量；$Q_{\max}$ 是阀门最大开度时对应流体流量。

图 2-6a 所示为该阀相对开度 η 与节流窗口高度的对应关系。沿着高度方向，节流窗口可视作三种基本形状的组合，即底部为长方形，中部为梯形，顶部为长方形。根据节流窗口沿高度方向上的形状特点，相对开度 η 的变化范围可分为四段：

1）0 ≤ η < 16%，节流窗口新增开启部分形状为长方形。

2）16% ≤ η < 48%，节流窗口新增开启部分形状为梯形。

3）48% ≤ η < 64%，节流窗口新增开启部分形状为长方形。

4）64% ≤ η < 100%，节流窗口新增开启部分面积为 0，节流窗口保持全开状态。

图 2-6b 所示为三种类型的阀芯所对应的阀门固有特性。随着相对开度 η 的增大，三条阀门固有特性曲线呈现类似的增长趋势：

1）0 ≤ η < 16%，曲线斜率几乎恒定，阀门固有特性曲线在此阶段可认为具有线性特性。

2）16% ≤ η < 48%，曲线斜率随着相对开度 η 的增大而增大，阀门固有特性曲线在此阶段可认为具有近等百分比特性。

3）48% ≤ η < 64%，曲线斜率随着相对开度 η 的增大而减小，阀门固有特性曲线在此阶段逐渐变得平缓。

4）64% ≤ η < 100%，曲线增大率接近于 0，阀门固有特性曲线在此阶段接近水平线。

对图 2-6a 与图 2-6b 进一步分析发现，主给水调节阀固有特性曲线的变化节点与节流窗口形状发生变化的节点正好对应。因此，可以确定主给水调节阀的阀门固有特性主要由节流窗口形状决定，而阀芯结构对阀门固有特性的影响相对较小。

由图 2-6b 同样可以发现，罐型阀芯对应的阀门固有特性曲线与平底型阀芯对应的阀门固有特性曲线几乎重合，而蘑菇型阀芯对应的阀门固有特性曲线在中高开度时（即 16% ≤ η < 100% 时）明显低于前二者。由此可见，罐型阀芯与平底型阀芯在整个阀门开度范围内对阀门流量的影响近乎相同，而蘑菇型阀芯在中高开度时相对于前两种阀芯对阀门流量有抑制作用。

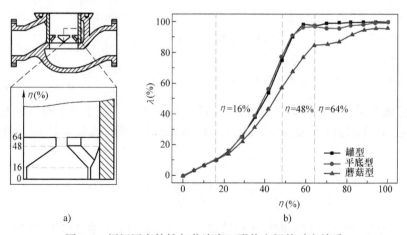

a)　　　　　　　　　　　　b)

图 2-6　阀门固有特性与节流窗口形状之间的对应关系

a）相对开度与节流窗口高度的对应关系　b）阀门固有特性

如图 2-7 所示，薛文斌[7]（以下简称薛）基于理论计算与试验校正，讨论了套筒节流窗口的设计。在其工作中，所采用的阀芯与本节中所描述的平底型阀芯类似。而在其所采用的套筒上设置有四个节流窗口，节流窗口形状包括长方形和漏斗形。同样地，薛指出，阀门固有特性取决于节流窗口形状。更进一步地，他还指出，长方形节流窗口对应线性的阀门固有特性，漏斗形节流窗口对应等百分比特性的阀门固有特性（如图 2-7b 所示）。对于本节所讨论的主给水调节阀，当阀门相对开度 η 为 0～48% 时，节流窗口的开启形状近似漏斗形，而平底型阀芯所对应的阀门固有特性呈现近似等百分比特性。在此阶段，本节所得结论与薛得出的结论相吻合。当阀门相对开度 η 大于 48% 时，平底型阀芯所对应的阀门固有特性曲线斜率逐渐降低直至接近于 0，该结果与薛的结论相差较大。这可能是由于本节中所采用的阀门最大开度大于节流窗口高度，而在薛的工作中阀门最大开度小于节流窗口高度。因此，总的来说，本节计算得出的结果与薛的结论基本吻合。

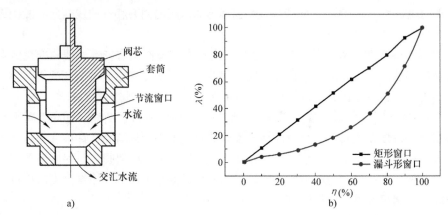

图 2-7　不同套筒节流窗口形状所对应的阀门固有特性[7]

a）阀芯与套筒　b）阀门固有特性

2.1.3　阀体结构对阀门流量特性的影响

额定流量系数是评价阀门流量特性的另一重要指标，用于衡量阀门最大流通能力。依照 GB/T 17213.2—2017 与 IEC 60534-2-1:2011，额定流量系数 $C_{v\max}$ 的定义式如下：

$$C_{v\max} = \frac{10Q_s}{F_p}\sqrt{\frac{\rho/\rho_0}{\Delta p}} \qquad (2\text{-}3)$$

式中，Q_s 是阀门最大开度时对应流体流量；F_p 是与阀门上下游管线结构相关的系数，本节中定为 1；ρ 是工作介质的密度；ρ_0 是 15℃水的密度；Δp 是通过阀门的流体压降。

图 2-8 所示为不同阀体结构对主给水调节阀额定流量系数的影响。图中，$C_{v\max r}$

为调查范围内额定流量系数的最大值；$\Delta\varphi$ 为各结构特征系数相对于其调查范围内最小值的增量（各结构特征系数取值见表 2-1）。由图 2-8 可知，随着三个结构特征系数的增大，额定流量系数 C_{vmax} 均呈现增长趋势，但是增长的方式不同。随着入口流道系数 φ_i 的增长，额定流量系数 C_{vmax} 近似对数增长；随着出口流道系数 φ_o 的增长，C_{vmax} 近似直线增长；随着环形流道系数 φ_c 的增长，C_{vmax} 先增大，当 $\Delta\varphi > 0.1$ 后，近乎不变。

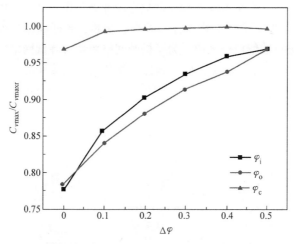

图 2-8　不同阀体结构对主给水调节阀额定流量系数的影响

2.2　稳压器喷雾阀流量分析

稳压器喷雾阀是反应堆冷却剂系统压力控制的重要设备之一，位于一回路的稳压器喷淋系统中，其进口与反应堆冷段相连，出口与稳压器相连。稳压器喷雾阀利用冷段与稳压器之间的压力差形成介质流，其流量随稳压器的压力变化而变化[8, 9]。稳压器喷雾阀在关闭时，介质依然有持续的流动。由于稳压器喷雾阀所处工况苛刻，因此对其设计与制造有较高的要求。

稳压器喷雾阀的结构形式主要有套筒式和 V 型球式两种[10]。套筒式稳压器喷雾阀存在着流阻大、流通能力小、行程长以及抗震性能低等缺陷，但因其有着加工简单、阀芯动作寿命长、阀杆处易实现波纹管型式密封等优势，所以在口径较小和额定流量要求不高的工况下仍是较为理想的选择。相比于套筒式，V 型球式稳压器喷雾阀流阻低，流通能力强，并且结构也较为简单，适用于大口径大流量的工况。因此，在我国压水堆核电站中，V 型球式稳压器喷雾阀的应用更加广泛。

稳压器喷雾阀的流量特性对一回路的压力控制有着直接影响，而稳压器喷雾阀长期处于关闭或小开度状态，并且在关闭时仍存在介质的持续流动。因此，对稳压器喷雾阀开展流量特性研究，尤其是小开度下的流量特性研究显得尤为重要。本节采用数值模拟与理论计算相结合的方法，对稳压器喷雾阀的流量特性进行了研究，并探讨了在小开度和关闭状态下影响其流量特性的因素。

2.2.1　研究模型

1. 几何模型

本节针对一种典型的 V 型球式稳压器喷雾阀开展分析，其几何模型与流道模型如图 2-9 所示。稳压器喷雾阀主要由阀体、阀座、阀芯、阀杆和法兰等组成，阀芯侧开有 V 形切口。在进行数值模拟之前，为了提升网格质量及降低网格划分难度，对流道模型进行了相应简化，主要包括：假设阀杆与阀芯之间连接光滑，以及忽略了阀座与阀体之间的空隙。

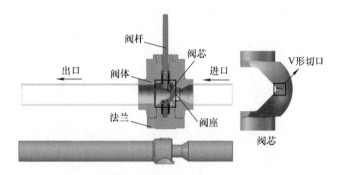

图 2-9　稳压器喷雾阀的几何模型与流道模型

2. 网格划分及数值模拟设置

稳压器喷雾阀的进、出口管道为简单直管，因此在进出口管道采用结构网格；阀体内部结构较为复杂，因此采用非结构网格，如图 2-10 所示。

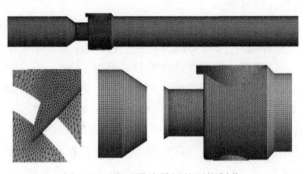

图 2-10　稳压器喷雾阀的网格划分

本节数值模拟所采用的介质为 20℃的常温水，进口边界条件为压力入口，压力设置为 0.1MPa；出口边界条件设为压力出口，压力设置为 0Pa。采用标准 k - ε 模型来描述阀内的湍流情况[11]。壁面的设置采用标准壁面函数，压力与速度耦合采用 SIMPLE 算法，梯度的设置为基于单元体的最小二乘法插值，为了提高计算精度，其余选项均设置为二阶迎风格式。

3. 模型验证

通过数值模拟得到阀门在各相对开度时的流量系数，并根据流量系数 K_v 绘制流量特性曲线，将得到的流量特性曲线与阀门在实际工况下各相对开度 η 下的流量系数进行对比，如图 2-11 所示。

从图 2-11 可以看出，模拟得到的流量系数与实际工况的流量系数基本吻合，验证了本节中数值模拟的可靠性。

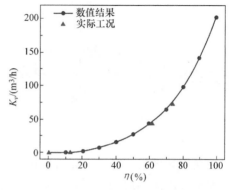

图 2-11　流量特性曲线与阀门实际工况下相对开度的对比

2.2.2　V 形切口对流量系数的影响

本节所选取的稳压器喷雾阀在相对开度 $\eta \leqslant 20\%$ 时，介质主要从 V 形切口中流出，因此当 $\eta \leqslant 20\%$ 时，V 形切口的结构尺寸是影响阀门流量特性的主要因素。图 2-12 为 V 形切口的张角对阀门流量系数的影响。从图中可以看出，当张角一定时，随着阀门相对开度的增大，阀门的流量系数增加；当阀门相对开度一定时，随着张角的增大，阀门的流量系数总是线性增大。这是因为当相对开度固定时，阀门的流通面积会随着张角增加而线性增加。

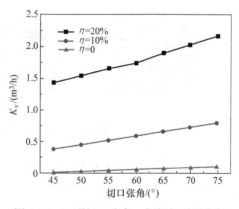

图 2-12　V 形切口张角、阀门相对开度与流量系数的关系

V 形切口倒角尺寸与阀门流量系数的关系如图 2-13 所示。当阀门关闭时，V 形切口的倒角尺寸对阀门的流量系数起着决定性作用。从图中可以看出，随着倒角尺寸的增大，阀门的流量系数逐渐减小。较小的倒角尺寸可以增加阀门的流量系数，但过小的倒角尺寸易导致倒角处出现应力集中，因此在实际设计和生产中应选择合适的倒角尺寸。

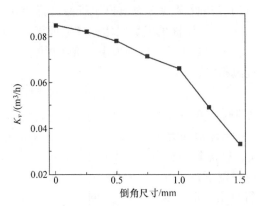

图 2-13　V 形切口倒角尺寸与阀门流量系数的关系

在进行速度场模拟时，首先选取了相对开度 $\eta \leqslant 20\%$ 时的几种小相对开度情况进行分析。由图 2-14 可以看出，随着阀门相对开度 η 的增大，阀内最大流速并未显著增加，且最大流速总出现在 V 形切口处，高速区面积会随着阀门开度增加而逐渐增大。除 V 形切口区域外，阀内其他区域的速度很小。

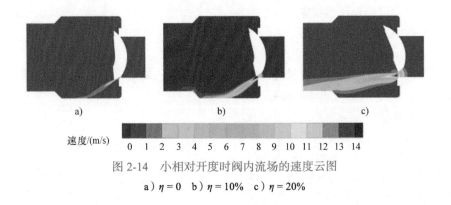

图 2-14　小相对开度时阀内流场的速度云图
a）$\eta = 0$　b）$\eta = 10\%$　c）$\eta = 20\%$

当阀门相对开度 $\eta \geqslant 20\%$ 时，除了 V 形切口结构尺寸外，阀芯的三角形流道也会显著影响阀门的流动特性。由图 2-15 可以看出，与小相对开度时的情况相同，阀内的最大流速总出现于 V 形切口处。但随着阀门相对开度的增加，阀内的最大流速在不断增大，并且阀门的下游管段还会出现一个较大的涡。该涡随着阀门相对开度的增大逐渐变小，这是因为随着阀门相对开度的增加，阀内阻力减小，介质流动更加接近于直管流，与文献 [12] 中的结果相吻合。

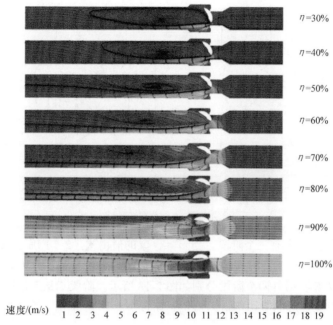

图 2-15　不同相对开度时阀内的速度云图与矢量图

2.2.3　流通面积计算

V 型球式稳压器喷雾阀流通面积即为阀芯与阀座形成的流道在 xOy 平面上的投影面积。V 型球式稳压器喷雾阀结构并不复杂，可直接通过计算得到不同开度下的阀门流通面积。

1. 大开度时流通面积计算

稳压器喷雾阀的 V 形切口尺寸在大开度时对阀门的流量系数影响较小，因此在计算大开度情况下阀门流通面积时，可先忽略 V 形切口对流通面积的影响。无 V 形切口的阀芯结构如图 2-16 所示。

无 V 形切口稳压器喷雾阀门的结构参数如图 2-17 所示。其阀座内径为 D，阀芯半径为 R，阀芯的三角形流道角度为 θ，倒角尺寸为 r，三角形流道顶点与阀芯圆心在 yOz 平面上的投影距离为 h，倒角顶点与阀芯圆心在 yOz 平面的投

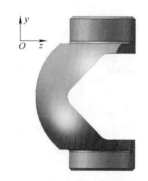

图 2-16　无 V 形切口的阀芯结构

影距离为 K。ω 表示相对于初始时刻阀芯转动的角度，初始时刻阀门相对开度 $\eta = 0$，$\omega = 4.5°$。

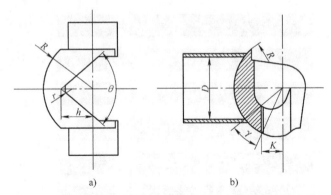

图 2-17　无 V 形切口稳压器喷雾阀门的结构参数

a）主视图　b）俯视半剖图

在阀芯旋转过程中有三个阶段。当 $\omega \leqslant \gamma$ [γ 的值由式（2-4）确定] 时，定义为阶段一，如图 2-17a 所示，此时阀门相对开度 $\eta \leqslant 20\%$，由于忽略了 V 形切口，因此阀门的流通面积为零。另外两个阶段分别如图 2-18 所示。阶段二是三角形流道倒角部分 r 进入流道，而三角形的直边不进入流道；阶段三是倒角部分 r 完全进入流道，三角形的直边也进入流道。

$$\gamma = \arccos \frac{D}{2R} - \arcsin \frac{K}{R} \qquad (2\text{-}4)$$

当阀门处于阶段二时，其流通区域由两部分组成，分别为 S_1、S_2，如图 2-19 所示。

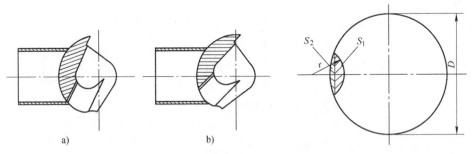

图 2-18　阶段二与阶段三阀芯的位置

a）阶段二　b）阶段三

图 2-19　阶段二面积示意图

此时，阀门的流通面积为 $A_1 = S_1 + S_2$，S_1 和 S_2 分别按式（2-5）和式（2-6）计算：

$$S_1 = \left(r^2 \arcsin \frac{L_1}{2r} - \frac{L_1}{4} \sqrt{4r^2 - L_1^2} \right) \cos \lambda \qquad (2\text{-}5)$$

$$S_2 = \frac{D^2}{4} \arcsin \frac{L_1}{D} - \frac{L_1}{4} \sqrt{D^2 - L_1^2} \tag{2-6}$$

式中，L_1 是 S_1 和 S_2 两部分共用弦的长度；λ 是流通区域与阀座平面的夹角（由于流道倒角尺寸较小，阶段二的范围一般较小，λ 的变化范围也很小，因此在这里可以用常数表示，误差较小）。L_1 和 λ 分别按式（2-7）和式（2-8）计算：

$$L_1 = \frac{2R \sqrt{r^2 - R^2 \cos^2 \left(\arccos \frac{r}{R} + \omega - \gamma \right)}}{D} \tag{2-7}$$

$$\lambda = \arccos \frac{K}{R} + \arcsin \frac{r}{R} - \omega \tag{2-8}$$

阶段二的定义域上限用 ζ 表示，ζ 按式（2-9）计算：

$$\zeta = \gamma + \arcsin \frac{r}{R} - \arctan \frac{r \cos \frac{\theta}{2}}{\sqrt{R^2 - r^2}} \tag{2-9}$$

当阀门开度达到阶段三，即倒角部分完全进入流道，三角形的斜边也进入流道。此时，阀门的流通面积由两部分组成，其分别为 S_3 和 S_4，如图 2-20 所示。

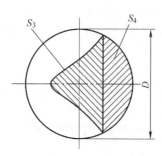

图 2-20　阶段三流通面积示意图

此时，阀门的流通面积 A_2 为

$$A_2 = S_3 + S_4 = S_5 - S_6 \cos \left(\alpha - \arcsin \frac{D}{2R} \right) + S_4 \tag{2-10}$$

式中，S_5 是三角形流道在阀芯旋转过程中，不考虑倒角及右侧弓形区域的流通面积，可按式（2-11）计算：

$$S_5 = 2R \int_0^{\lambda_1} \cos \left(\arcsin \frac{D}{2R} + \varphi - \alpha \right) \left[R \sin \left(\varphi - \arcsin \frac{h}{R} \right) + h \right] \mathrm{d}\varphi \tag{2-11}$$

其中，λ_1 为 S_3 的积分上限；φ 是以球心为顶点，球面上任意一点在 xOz 平面上的投影点与流道顶点成的夹角。

S_6 是三角形流道因倒角而减少的部分面积，该部分面积较小且位置较近，因此在阀芯转动时，可以用一个定值来表示该曲面与 yOz 平面的夹角（即 $\alpha - \arcsin\dfrac{D}{2R}$）。$S_6$ 的可按式（2-12）计算：

$$S_6 = \frac{r^2}{\tan\dfrac{\theta}{2}} - \frac{r^2}{2}(\pi - \theta) \tag{2-12}$$

α 是以三角形流道顶点恰进入流道为起点，阀芯转动的角度，可按式（2-13）计算：

$$\alpha = \omega - \frac{\pi}{2} + \alpha_2 + \alpha_1 \tag{2-13}$$

其中，α_1 和 α_2 分别按式（2-14）和式（2-15）计算：

$$\alpha_1 = \arcsin\frac{h}{R} \tag{2-14}$$

$$\alpha_2 = \arcsin\frac{D}{2R} \tag{2-15}$$

S_4 是阀座右侧弓形区域的面积，S_4 区域大于半圆时（即 $\alpha \geqslant \alpha_0$ 时），其面积采用式（2-16）中的第一个式子计算，S_4 区域小于半圆时（即 $\alpha < \alpha_0$ 时），其面积采用式（2-16）中的第二个式子计算：

$$S_4 = \begin{cases} \dfrac{\pi}{4}D^2 - \dfrac{D^2}{4}\arcsin\dfrac{L_2}{D} + \dfrac{L_2}{4}\sqrt{D^2 - L_2^2}, & \alpha \geqslant \alpha_0 \\ \dfrac{D^2}{4}\arcsin\dfrac{L_2}{D} - \dfrac{L_2}{4}\sqrt{D^2 - L_2^2}, & \alpha < \alpha_0 \end{cases} \tag{2-16}$$

L_2 是 S_3 与 S_4 两部分共用弦的长度。参数 λ_1 和 L_2 由式（2-17）确定。α_0 表示当 $L_2 = D$ 时对应的 α，将 $L_2 = D$ 带入式（2-17），可求得对应的 α 即为 α_0。由于式（2-17）为三角函数方程组，因此其解存在周期性，需要对解的区间进行判断，λ_1 取小于 α 的最大正实数解，α_0 取小于 ω 的最大正实数解。

$$\begin{cases} \left[h - R\sin(\alpha_1 - \lambda_1)\right]^2 \tan^2\dfrac{\theta}{2} = \dfrac{D^2}{4} - R^2\sin^2(\alpha_2 + \lambda_1 - \alpha) \\ L_2 = 2\left[h - R\sin(\alpha_1 - \lambda_1)\right]\tan\dfrac{\theta}{2} \end{cases} \tag{2-17}$$

阀芯转动角度 ω 的定义域为 $\zeta \leqslant \omega \leqslant \omega_{\max}$，$\omega_{\max}$ 表示阀芯能转动的最大角度，由实

际需求及结构参数决定，本章所采用的 V 型球阀 $\omega_{\max}$ 均为 94.5°。

由以上公式可以得到相对开度 $\eta \geq 20\%$ 时各个开度下阀门的流通面积。各开度下阀门的计算流通面积与计算相对流量系数见表 2-4。

表 2-4　各开度下阀门的计算流通面积与计算相对流量系数

相对开度（%）	30	40	50	60	70	80	90	100
计算流通面积 /cm²	1.12	3.45	6.55	10.63	15.48	20.93	26.71	32.56
计算相对流量系数（%）	2.4	6.9	13.4	22.2	33.9	49.3	70.2	100

将计算得到的相对流量系数与数值模拟得到的相对流量系数进行比较，在不同阀门相对开度下，两者的误差见表 2-5。从表 2-5 中可以看出，当相对开度较大时，误差较小；而当相对开度逐渐减小接近 40% 时，误差不断增大。

表 2-5　数值模拟与理论计算误差

相对开度（%）	30	40	50	60	70	80	90	100
误差（%）	37.5	10.1	1.5	3.2	5.3	1.6	1	0

为解决上述问题，在相对开度较小的情况下，引入了修正面积 A_V。A_V 表示阀芯旋转 γ 角度时，V 形切口产生的等效流通面积，其计算方法如式（2-18）所示：

$$\begin{cases} \left[K_V(\eta_0) - K_{V\gamma} \right] \cos(\omega_0 - \gamma) = kA(\eta_0) \\ A_V k = K_{V\gamma} \end{cases} \tag{2-18}$$

式中，K_V 是流量系数；η_0 是初始相对开度；$K_{V\gamma}$ 是角度为 γ 时的流量系数；k 是比例系数；A 是流通面积。

引入修正面积后各相对开度的误差见表 2-6。由表 2-6 可以看出，在相对开度较小时，可以显著降低理论计算与数值模拟的误差。

表 2-6　引入修正面积后各相对开度的误差

相对开度（%）	30	40	50	60	70	80	90	100
误差（%）	2.1	5.2	7.4	9	10	5.7	1.2	0

2. 小开度下流通面积计算

在小开度情况下，即相对开度 $\eta \leq 20\%$ 时，阀芯旋转角度小于 γ，V 形切口的结构是影响阀门流通面积的唯一因素。但由于 V 形切口结构复杂，难以直接计算其流通面积。考虑到几何形状的面积和几何尺寸总是成平方关系，因此采用二次函数来拟合小开度下的流通面积。经拟合所得的表达式为

$$A(\eta) = 55.24\eta^2 - 2.7\eta + 0.077 \tag{2-19}$$

结合式（2-4）~式（2-17），可得到各相对开度下阀门的相对流量系数，并将理论计算结果与数值模拟结果进行比较，如图2-21所示。从图2-20中可以看出，理论计算与数值模拟结果吻合较好，验证了此方法的准确性。

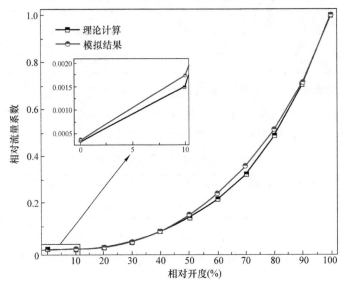

图 2-21   理论计算相对流量系数与数值模拟相对流量系数的比较

2.3   疏水调节阀流量分析

疏水调节阀作为超（超）临界火电机组等蒸汽加热系统的关键配套产品，是保证机组安全、经济运行的重要设备之一。疏水调节阀的主要功能是排除蒸汽管道与用热设备中的凝结水、阻止蒸汽外漏，并排除运行初期的空气和其他不凝性气体，以提高加热设备的给热均匀性，充分利用蒸汽潜热，防止管道中发生水锤。随着工况的不断升级，疏水阀内流通介质呈现出高温、大压降和大流量的发展趋势，尤其在高压工况下，通过对疏水阀开度的调节实现对流量的精确调节至关重要。因此，对高压高温工况下蒸汽加热系统的疏水阀进行流量特性分析十分必要。

本节针对一种新型疏水调节阀，采用计算流体力学方法对阀门内部的流体流动进行模拟研究，得到疏水阀内流场流动特性的可视化结果；分析不同阀芯开度下的速度、压力分布及疏水阀总体的流量特性，为进一步的结构优化、流量特性优化及深入分析奠定了基础，使疏水调节阀能更好地适应严苛工况要求，为实际生产制造提供理论依据。

2.3.1　研究模型

1. 几何模型

疏水调节阀主要由阀体、阀座、阀芯、阀杆、套筒及辅助阀芯组成，如图 2-22 所示。在工作时，阀芯向上运动，流体从阀门的右侧流入，之后经套筒和阀座上的孔道，从阀门的左侧流出。这样的流体流向和阀门关闭方向保持一致，阀门关闭时会受到介质的压力，密封性更好。阀门开启时，需要执行机构提供更大的驱动力。为减小开启时的驱动力，该疏水阀在阀芯中部又设计了辅助阀芯来抵消一部分开启阻力。在阀门开启过程中，辅助阀芯首先离开密封面，将会有少量液体通过阀芯和套筒之间的间隙以及阀芯上的小孔，流入阀体腔的下半部分，减小阀芯上下的压力差，之后辅助阀芯会通过挡圈带动阀芯向上运动到需要的开度。本节在数值模拟研究中，考虑到辅助阀芯及流道对整个流场分布影响较小，故在建模时不考虑辅助阀芯及相关流道。

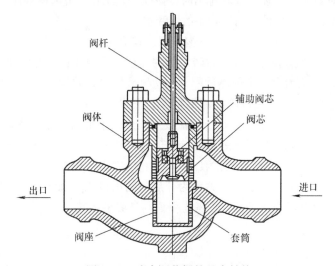

图 2-22　疏水调节阀的基本结构

由于套筒开孔不具有对称性，因此需建立全流道模型。相对开度为 60% 的疏水阀流道模型如图 2-23 所示。

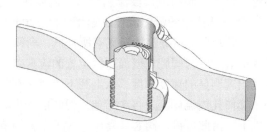

图 2-23　相对开度为 60% 的疏水阀流道模型（剖视图）

2. 网格划分及数值模拟设置

本节采用 Workbench 中的 Mesh 模块划分网格。由于结构不规则，采用非结构网格的网格划分方式生成流动区域的网格，对套筒内部的流道网格进行了局部加密处理。图 2-24 中选定相对开度为 60% 的网格数量为 350×10^4，网格最小尺寸 1mm，最大尺寸 5mm。

图 2-24　流道模型网格划分

本节研究的疏水调节阀主要用于超（超）火电机组等蒸汽加热系统。当蒸汽加热系统正常工作时，管路中充满了饱和蒸汽或过热蒸汽，疏水阀处于关闭状态，此时阀前压力达 9.494MPa，温度为 330℃；当蒸汽管路中出现凝结水，需要及时排出时，该阀开始工作，此时阀前压力为 8.45MPa，阀后压力 0.09MPa，排放处于临界状态的饱和水。

由于疏水调节阀工作介质为高温饱和水，在高温条件下，液体水的密度是随温度、压力变化的。考虑到介质在通过疏水阀的过程中流速较快，温度变化较小，与外界热交换较小，可认为是一个绝热过程，故这里液体水介质设为不可压缩流体，密度固定为 712kg/m³。为了研究该阀的流量特性，假设饱和水在通过疏水阀时不发生汽化，保持为液体状态。采用标准 $k - \varepsilon$ 湍流模型，由于求解的不可压缩流动，采用基于压力的求解器，并采用分离式求解算法 SIMPLE 算法进行求解，方程离散格式采用一阶迎风格式。进出口边界分别设置为压力入口和压力出口边界条件。入口压力设为开启时的最大压力 8.45MPa，出口压力设为开启时的出口压力 0.09MPa，其余外壁面均设置为光滑无滑移壁面边界条件，不考虑壁面与外界的换热。

2.3.2　流动特性分析

本节针对疏水阀在 10%～100% 总共 10 个相对开度下的流动特性展开研究。

1. 典型结构流场分析

图 2-25 所示为相对开度为 100% 时疏水阀内部流场 x-z 截面的速度及压力分布。在相对开度为 100% 的条件下，阀门进口段流速较低。流体在通过阀芯处的套筒时，由于套筒的节流作用，套筒开孔中的流体流速迅速增大到 120m/s 以上，同时压力迅速降低到 2MPa 以下。套筒开孔出口处流体流速有所降低，套筒出口近壁面位置出现小旋涡，主要是由阀腔中心位置与阀腔近壁面边缘位置的流速差引起。随着流场的发展，阀腔中心位置流速出现明显的速度梯度，从上到下流速逐渐降低，之后由于阀座底部套筒的节流作用，套筒孔内流体流速再次增加，但幅度较小。流体通过套筒后流速迅速降低到 10m/s 以下。由此可得，阀芯处套筒完成了主要的节流和降压作用，流体在通过套筒后压力降到 1MPa 以下，阀座底部套筒对压力分布的影响较小，压力在

1MPa 以内波动。

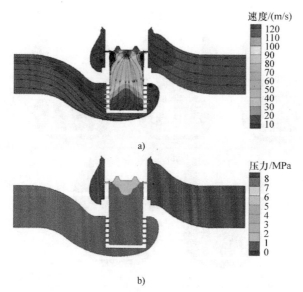

a)

b)

图 2-25　相对开度为 100% 时疏水阀内流场 x-z 截面的速度及压力分布

a）速度分布　b）压力分布

图 2-26 所示为相对开度为 100% 时疏水阀内部流场的 y-z 截面的速度及压力分布。总体分布与 x-z 截面相似，在套筒出口的边缘出现两个旋涡，但分布位置更加靠近底部，旋涡分布范围更大。

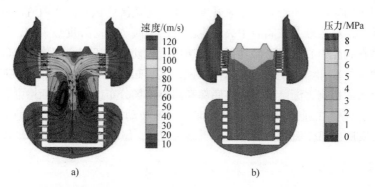

a)　　　　　　　　　　　b)

图 2-26　相对开度为 100% 时疏水阀内流场 y-z 截面的速度及压力分布

a）速度分布　b）压力分布

2. 阀芯开度对流场分布的影响规律

图 2-27 所示为阀芯相对开度 η 为 20%、40%、60%、80% 和 100% 条件下的流道

y-z 截面的速度分布。

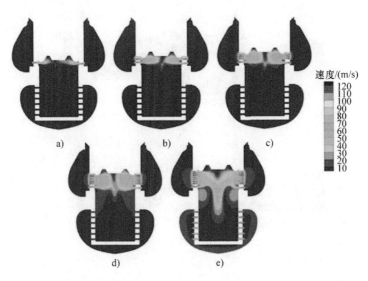

图 2-27　不同相对开度条件下的疏水阀内流场 y-z 截面的速度分布
a) $\eta = 20\%$　b) $\eta = 40\%$　c) $\eta = 60\%$　d) $\eta = 80\%$　e) $\eta = 100\%$

从图 2-26 中可以看出，随着阀芯相对开度的增加，流体通过套筒的流通面积增加，套筒出口处的相对高速流动区域的面积逐渐增加。在小开度条件下，流体在套筒孔内获得大幅加速后又迅速减速，在阀腔中央几乎不发生汇聚，这也是小开度条件下流体流量很小的原因。随着阀芯相对开度增加，高速流体从套筒孔内流出后仍保持有一定的流速，逐渐接触并在阀腔中央发生汇聚。当阀芯相对开度最大时，从套筒流出的高速流体在阀腔中心发生汇聚并保持高速向下流动，由于中心流体流速较高，在阀腔近壁面边缘位置开始出现旋涡。总体来说，随着阀芯相对开度增加，阀芯处套筒对流场速度分布的影响逐渐降低，阀座底部套筒对流场分布的影响逐渐增强；阀芯相对开度较小时，流体在通过阀座底部套筒时，流速波动很小；在相对开度为 100% 时，流体在通过阀座底部套筒时流速出现了明显的增加，但增加幅度比阀芯套筒处小。

2.3.3　流量特性分析

为了对疏水阀的流量特性进行分析，固定进出口边界压力分别为 8.45MPa 和 0.09MPa，对 10% ~ 100% 共计 10 个相对开度条件下的疏水阀流场进行数值模拟计算。表 2-7 统计了疏水阀 10 个相对开度条件下的出口质量流量，相对开度为 100% 时，疏水阀的出口质量流量为 131.13kg/s，达到疏水阀的最大流通流量。

表 2-7　不同相对开度条件下的出口质量流量

相对开度（%）	10	20	30	40	50	60	70	80	90	100
出口质量流量 / (kg/s)	1.22	4.02	7.29	11.45	15.71	24.42	37.28	60.22	94.21	131.13

　　为了进一步分析相对开度与相对流量之间的关系，对表 2-7 中统计的质量流量分别与最大流量对比，得到相对流量，从而得到疏水阀的理想流量特性曲线，如图 2-28 所示。由图 2-28 可以看出，随着阀芯相对开度增加，相对流量的增长率是逐渐增加的，即相对开度越大，相对开度增加所引起的相对流量变化越大，这样的变化趋势非常符合等百分比流量特性中相对流量随相对开度的变化趋势。

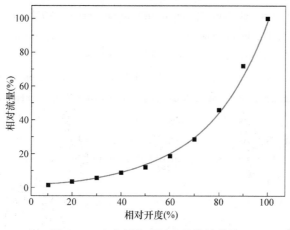

图 2-28　疏水阀的理想流量特性曲线

　　等百分比流量特性是指相对开度变化所引起的相对流量变化与此点的相对流量成正比关系，即

$$\frac{\mathrm{d}\lambda}{\mathrm{d}\eta} = k\lambda \tag{2-20}$$

　　积分后代入边界条件得

$$\lambda = R^{(\eta-1)} \tag{2-21}$$

式中，λ 是相对流量；η 是相对开度。

　　为了进一步地验证上述想法，采用 Origin 软件中的自定义非线性函数拟合方法，指定拟合公式为等百分比特性的表达式（2-21），对数值模拟计算得到的数据点进行函数拟合，拟合曲线见图 2-27 中曲线，拟合参数 $R = 55.84803$，拟合曲线的标准差仅为 5.798。从图 2-27 中可以看出，拟合曲线与数据点十分接近，几乎重合。因此，该疏水阀基本符合等百分比流量特性，阀芯开度越大，开度变化引起的流量变化越大。

参考文献

[1] SALEHI A，SAFARZADEH O，KAZEMI M H. Fractional order PID control of steam genera-tor water level for nuclear steam supply systems [J]. Nuclear Engineering and Design，2019，342：45-59.

[2] WEI L，FANG F，SHI Y. Adaptive Backstepping-Based Composite Nonlinear Feedback Water Level Control for the Nuclear U-tube Steam Generator [J]. Ieee Transactions on Control Systems Technology，2014，22（1）：369-377.

[3] HU K，YUAN J Q. Multi-model predictive control method for nuclear steam generator water level [J]. Energy Conversion and Management，2008，49（5）：1167-1174.

[4] ZHANG Z，HU L S. Performance assessment for the water level control system in steam gen-erator of the nuclear power plant [J]. Annals of Nuclear Energy，2012，45：94-105.

[5] ZHAO F T，OU J，DU W. Simulation modeling of nuclear steam generator water level process - a case study [J]. Isa Transactions，2000，39（2）：143-151.

[6] DOMNICK C B，BRILLERT D. Flow-Induced Steam Valve Vibrations-A Literature Review of Excitation Mechanisms，Preventive Measures，and Design Improvements [J]. Journal of Engi-neering for Gas Turbines and Power-Transactions of the Asme，2019，141（5）：051009.

[7] 薛文斌 . 浅谈套筒的设计方法 [J]. 炼油化工自动化，1993（5）：55-60.

[8] 邓丰，何劲松，黄燕，等 . 稳压器雾化液滴动力和传热特性数值分析 [J]. 核动力工程，2013，34（S1）：136-140.

[9] 祁崇可 . 核电厂稳压器喷雾阀阀芯结构和等百分比流量特性补偿研究 [D]. 兰州：兰州理工大学，2016.

[10] 陈刚，王志敏，张宗列 . 比例喷雾阀的研制 [J]. 阀门，2011，（4）：14-15，24.

[11] 杨化飙，张继革，施宝新，等 . 稳压器喷雾阀阀芯倒角尺寸对流动的影响 [J]. 机械制造与自动化，2014，43（2）：10-12，23.

[12] MERATI P，MACELT M J，ERICKSON R B. Flow investigation around a V-sector ball valve [J]. Journal of Fluids Engineering-Transactions of the ASME，2001，123（3）：662-671.

第 3 章

特种阀门阻力分析

流体流经阀门时，会在阀门内各元件的阻力作用下产生能量耗散，造成压力损失。在不同的领域及场合下，阀门的压力损失具有不同的应用。对一般阀门而言，需要合理分析介质的压力场并改善阀门压力损失情况，以达到降低压损，提升调节性能的目的；但有些阀门（如减压阀）则需要利用阀内元件对流体产生的作用而达到减压的效果，其工作原理为利用内部流道截面积的改变来控制热力过程，从而降低流体压力[1]。本章以特斯拉阀、先导式截止阀以及减压阀为例，阐述特种阀门阻力特性分析的一般流程与技术手段，对提升阀门性能具有一定参考价值。

3.1 特斯拉阀减压分析

氢气作为一种高效的清洁能源，在过去的几十年中受到人们广泛的关注[2]。研究人员发现，相比于氢气的直接燃烧，氢燃料电池的效率更高。因此，近年来氢燃料电池被广泛应用于各个领域[3]，其中，氢燃料电池在汽车领域的应用，引起了众多研究人员的关注。

单次充电行驶里程是氢燃料电池车最重要的技术指标之一，主要由汽车上的氢储量决定，而高压储氢则是当下发展最成熟，应用最广泛的储氢技术[4]。在常见的氢燃料电池车内，氢气通常储存在 35MPa 或 70MPa 的储罐中[5]，而燃料电池堆的适用氢气输入压力范围为 0.1 ~ 0.3MPa[6]。因此，需要在氢气由储罐进入燃料电池前，安全快速地将氢气减压到恒定压力。一般氢燃料电池车中氢减压处理需要依靠减压阀实现，然而此处氢气压降幅度可高达 70MPa，传统减压阀用于如此大的压差时，会面临各种问题。因此，大量研究人员致力于提高减压阀的工作性能[7-10]，但提高减压阀工作性能的同时阀门结构也变得更加复杂，容易导致阀门损伤，降低阀门的可靠性。在这种情况下，将结构更为简单的特斯拉阀应用于氢燃料汽车的氢气减压过程具有明显的优势。

一个典型的特斯拉阀仅包含一段直管和一段弯管。当流体从特斯拉阀正向进入时，大部分的流体进入直管段，此时特斯拉阀的流阻接近于最简单的直管。当流体从特斯拉阀反向进入时，一部分流体先进入弯管段再逆向进入直管段，此时特斯拉阀流阻明显增加，即逆向设置的特斯拉阀可用作减压元件。虽然在不同领域已有很多的正向特斯拉阀应用的先例和研究成果，但是极少有关于逆向设置特斯拉阀用于减压的研究及应用。因此，在原有氢气减压装置的基础上，联合使用特斯拉阀可在保证减压效果的前提下，降低减压阀的工作负荷，从而改善整个减压机构的安全性，降低成本。

在氢气降压过程中，特斯拉阀的减压性能可通过数值模拟的方法进行研究，研究单级特斯拉阀的水力直径、阀门角度、内曲线半径等结构参数变化对减压性能的影响。在初步研究的基础上发现，虽然单级特斯拉阀具有良好的减压性能，但不能满足氢气在储罐与燃料电池间的减压需要。因此，为了进一步增强其减压性能，需要设计多级特斯拉阀。本节研究了不同进出口压比下逆向设置的多级特斯拉阀内的流动特性，分析了多级特斯拉阀内介质的温度、压力、速度分布和流率变化，从而为后续特斯拉阀的研究与应用提供参考。

3.1.1 研究模型

1. 模型建立

图 3-1a 所示为单级特斯拉阀的典型结构。其中，进口长度、出口长度和直线段长度保持不变，水力直径为 D_H，内曲线半径为 R，阀门角度为 α。水力直径 D_H 与特斯拉阀的进口流道形状有关，具体计算方法如下：

$$D_H = \frac{4A}{P} \tag{3-1}$$

式中，A 是进口流道横截面面积；P 是进口流道横截面的湿周。

图 3-1b 所示为多级特斯拉阀的典型结构，其中，每级特斯拉阀几何参数保持不变，阀门角度为 45°，内曲线半径为 5mm，两级之间的距离为 15mm，多级特斯拉阀的横截面为矩形，并且其水力直径都设置为 5mm。水力直径、阀门角度与特斯拉阀的截面相关，为重要的研究参数。图 3-2a 所示为不同水力直径的特斯拉阀，其阀门的角度为 45°，内曲线半径为 5mm，其相应的水力直径分别为 1.8mm、3.2mm、4.2mm、4.8mm 和 5mm；图 3-2b 所示为不同内曲线半径的特斯拉阀，阀门角度为 45°，水力直径为 5mm，而横截面面积为 25mm²（5mm × 5mm）；图 3-2c 所示为不同阀门角度的特斯拉阀，为避免其他结构参数的影响，水力直径设置为 5mm，内曲线半径设置为10mm。

2. 网格划分及数值模拟设置

由于特斯拉阀结构较为简单，所以采用结构网格对其流道进行划分，在流道的分叉处对网格进行细化，并对整体网格进行独立性验证。由表 3-1 可得，当网格数大于857106 时，与 857106 相比，压降的变化小于 5.3%。因此，为兼顾数值模拟的准确性与计算效率，选取网格数量为 857106。

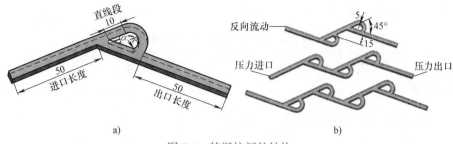

图 3-1　特斯拉阀的结构

a）单级特斯拉阀的典型结构　b）多级特斯拉阀的典型结构

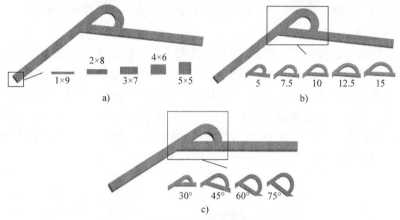

图 3-2　不同特征参数的特斯拉阀结构

a）不同水力直径的特斯拉阀　b）不同内曲线半径的特斯拉阀　c）不同阀门角度的特斯拉阀

表 3-1　不同网格数下的压降

网格数	66443	154156	502525	857106	1019008	1231786
压降 /Pa	1334.42	1426.53	1584.92	1662.29	1654.68	1668.82

流道入口设置为速度入口，速度变化范围为 50～300m/s；流道出口设置为压力出口，出口压力 p_0 保持在 0.2MPa；其余边界设置为绝热的无滑移壁面，入口和出口处的温度设定为 300K（25.85℃）。根据出口和进口的压力变化，单级特斯拉阀的雷诺数应在 2000～27700 之间，而多级特斯拉阀内部氢气气流的雷诺数应高于 9500。在比较了 RNG k-ε 湍流模型、Realizable k-ε 湍流模型和标准 k-ε 湍流模型之间的差别后，从表 3-2 中可以看出，对于不同的湍流模型，压降的差别是非常小的。因此，标准的 k-ε 湍流模型应用在此模拟是可行的。此外，该模拟采用基于密度的隐式求解器以及二阶迎风格式；设置残差小于 10^{-3} 时满足收敛条件，并监测特斯拉阀进出口压力、质量流量和速度。由于以往鲜有特斯拉阀应用于氢气减压过程的研究分析，所以缺乏模拟结果与实验之间的直接比较，但有研究人员使用相同数值方法研究了特斯拉阀内介

质水的流动特性[11]，间接验证了此方法的可靠性。

表 3-2　不同湍流模型下的压降

湍流模型	标准 k-ε 模型	RNG k-ε 模型	Realizable k-ε 模型
压降 /Pa	1662.29	1697.74	1647.77

3.1.2　结构参数对压降的影响分析

不同结构参数会对特斯拉阀的压降效果产生重要影响。本节选取了水力直径 D_H、内曲线半径 R、阀门角度 α 三个结构参数，在不同进口速度下，通过特斯拉阀反向流动的数值模拟，分别讨论了这三个结构参数对特斯拉阀内氢气压降的影响。

1. 压力分析

图 3-3 所示为不同水力直径 D_H 下特斯拉阀内氢气的压力分布和流道对称面上的速度分布。由图 3-3 可以看出，不同水力直径下阀内氢气的压力分布及速度分布基本相似。直流道和弯流道的氢气汇合，并以较高的速度撞击壁面，形成射流冲击，在弯管处的下游区域 I 处以及弯曲流道出口后方的区域 II 处都出现一个旋涡，即低压区；而位于另一个拐角处的区域 III 中，也存在着一个旋涡，这因为流动方向的突然改变使得直流道中出现了低压。

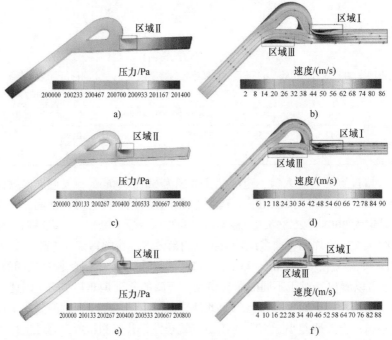

图 3-3　不同水力直径 D_H 下特斯拉阀内氢气的压力分布和流道对称面上的速度分布

a）D_H = 1.8mm　b）D_H = 1.8mm　c）D_H = 4.2mm
d）D_H = 4.2mm　e）D_H = 5mm　f）D_H = 5mm

由图 3-4 可以看出，压降随着水力直径的增加而减少。因此，在氢气的减压过程中，小水力直径的特斯拉阀可以达到更大的压降。弯管处氢气的压力高于直管处的氢气压力，并且射流冲击处氢气的压力最小；而当水力直径大于 4.2mm 时，最小压力几乎相同，这可能是由于当横截面积较大时，更多氢气流动到弯管中，形成了更剧烈的喷射流。

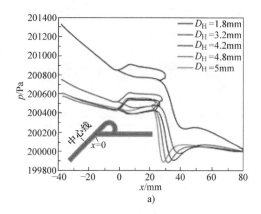 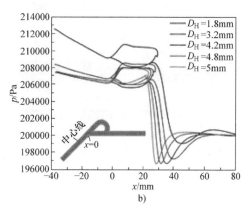

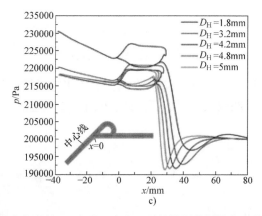

图 3-4　不同水力直径 D_H 和进口速度 v 下的特斯拉阀沿中心线的氢气压力

a）$v = 50\text{m/s}$　b）$v = 200\text{m/s}$　c）$v = 300\text{m/s}$

由图 3-5 可以看出，由于阀门角度的存在，大多数氢气以很高的速度从进口流向弯道，最大速度和喷射流出现在后弯道中；随着内曲线半径 R 的增加，内弯道内氢气和直通道内氢气相互影响减弱，最大速度和喷射流减小，并且特斯拉阀内压力变小；随着内曲线半径 R 的变化，温度的差异变小。

根据绝热能量方程，高速对应低温，故在图 3-5 中，最低温度出现在弯管的出口处。由图 3-3、图 3-5 可知，相比在直管道中，氢气在弯管道中有更大的速度。

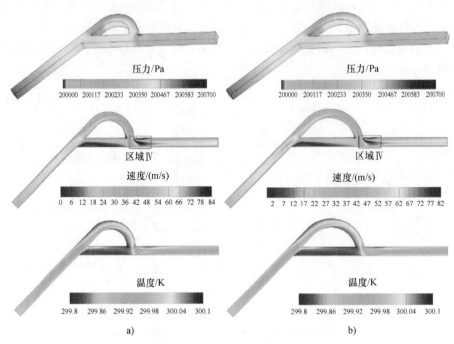

图 3-5　不同特斯拉阀半径 R 下的压力、速度和温度分布

a）$R = 10\text{mm}$　b）$R = 15\text{mm}$

由图 3-6 可以看出，随着阀门角度 α 的增加，更多的氢气流向弯管，并且当阀门角度较大时，接口处存在较大的阻力。因此，低压区的面积随着阀门角度的增加而增加。

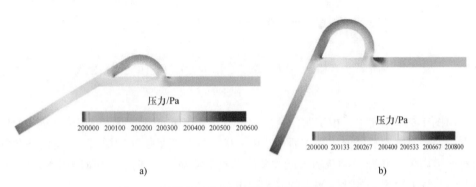

图 3-6　不同阀门角度 α 下半深平面的压力分布

a）$\alpha = 30°$　b）$\alpha = 75°$

2. 进口速度分析

由图 3-7 可以看出，随着进口速度的增加，氢气压降变大；随着水力直径的增加，氢气压降逐渐减小并趋于平稳。由图 3-8 可以看出，当内曲线半径和进口速度都较小时，弯管处的压力比直管处大，但在大的内曲线半径 R 下，直管处的压力可能比弯管处的大，这是由于汇流影响的减小。对比图 3-4 和图 3-8 可得，大多数压力损失是由在弯管后方的喷射流产生的。由图 3-9 可以看出，当进口氢气速度大于 150m/s 时，压力下降速度更为剧烈。压降随阀门角度的增加而增大，近似为线性关系；而当阀门角度大于 60° 时，压降的增加速率减小。

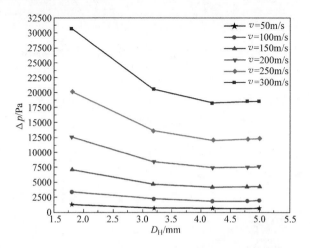

图 3-7　不同水力直径 D_H 和进口速度 v 下的压降

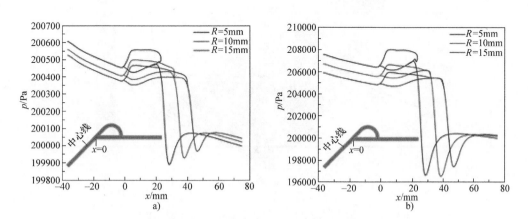

图 3-8　不同内曲线半径 R 和进口速度 v 下沿特斯拉阀中心线的氢气压力

a）$v = 50$m/s　b）$v = 200$m/s

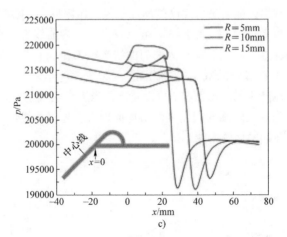

图 3-8　不同内曲线半径 R 和进口速度 v 下沿特斯拉阀中心线的氢气压力（续）

c）$v = 300\text{m/s}$

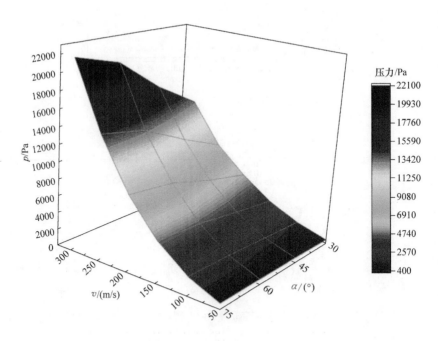

图 3-9　不同阀门角度 α 与进口速度 v 下的氢气压力

　　综合上述流动分析结果，为达到更好的减压效果，应限制特斯拉阀的阀门角度 α、内曲线半径 R 的最小值。因此，当水力直径选定的时候，也应该综合地选择阀门角度

α 和内曲线半径 R。结果表明，较小的水力直径 D_H、内曲率半径 R 和较大的阀门角度 α 可以在较大的入口速度下提供较高的压降，而不同结构参数下的压降在入口速度较小（小于 100m/s）时几乎不变。

3.1.3　阀内氢气减压分析

1. 氢气减压过程温度分析

对于理想的多级绝热降压过程，能量方程可以简单表达为

$$i + \frac{u^2}{2} = 常数 \tag{3-2}$$

式中，i 为焓，可假设等式 $i = c_p T$。由式（3-2）可知，温度的分布和速度分布相关，且速度越大温度越低。

由图 3-10 可以看出，在恒定压比且绝热边界情况下，多级特斯拉阀在对称平面内的温度分布是更均衡的。此外，最小温度会随着级数的增加而上升，且均出现在多级特斯拉阀的最后一级。

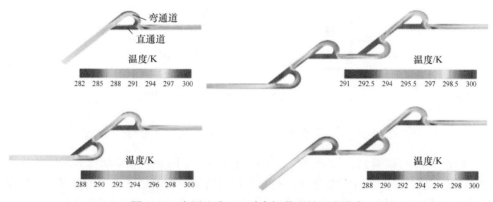

图 3-10　在压比为 1.2 时中间截面的温度分布

2. 氢气减压过程压比分析

如图 3-11 所示，当反向氢气通过每一级特斯拉阀时均产生压降，且每级特斯拉阀都存在低压区。氢气的最小压力出现在最后一级，并且随着级数的增加而减小，同时随着级数的增加每级的氢气压降减小。此外，由于在直管道存在旋涡，所以弯管处的氢气压力比直管道处更高。

由图 3-12 可以看出，除了最后一级，其他级的氢气压力均随着压比的增加而增大，在最后一级，氢气压力随着压比的增加而下降。此外，当压比变化量相同的情况下，每级氢气压降变化量也基本相同。

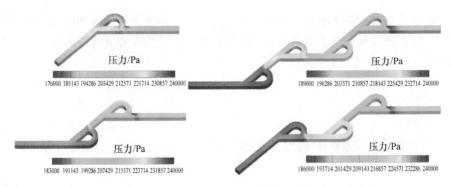

图 3-11　在压比为 1.2 时多级特斯拉阀阀内氢气的压力分布

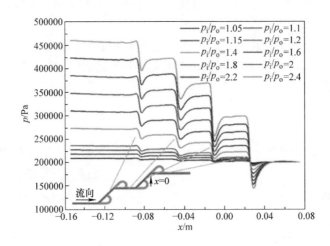

图 3-12　不同压比下四级特斯拉阀中心线上的氢气压力

　　由图 3-13 可以看出，随着氢气反向流向出口，不同的多级特斯拉阀之间的压力差减小；三级特斯拉阀中的氢气压力分布与四级特斯拉阀的后三级中的氢气压力分布相似；随着级数的增加，各级特斯拉阀的氢气减压效果减弱，但随着级数的减少，最后一级的最小压力也随之降低。

　　3. 氢气减压过程流量与压比关系研究

　　由图 3-14 可以看出，每级氢气的流线分布相似，喷射流速度最小值出现在第一级，喷射流最大速度出现在最后一级。此外，级数越多的多级特斯拉阀抗性越高，即在压降一定的情况下，级数越多，氢气速度越低。在特斯拉阀级数一定的情况下，压比越大，阀内氢气流速超过声速的可能性越大。

　　由图 3-15 可以看出，多级特斯拉阀内氢气平均速度随着压比的增加而增加。当级数小于 4 且压比较大时，氢气入口速度高于当地声速；当压比小于 1.2 时，氢气入口速度与压比呈线性关系；当压比大于 1.4 时，氢气入口速度的变化趋于稳定。

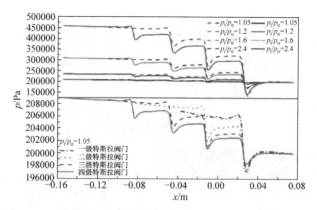

图 3-13 不同压比下不同级数特斯拉阀中心线上的氢气压力

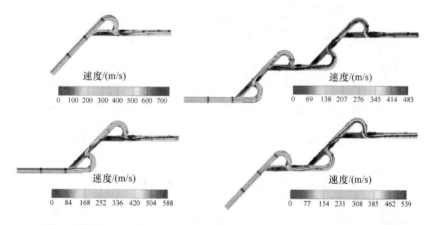

图 3-14 在压比 $p_i / p_o = 1.2$ 时不同多级特斯拉阀的速度与流线分布

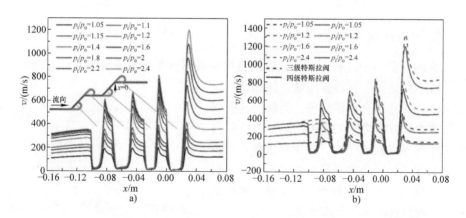

图 3-15 不同压比多级特斯拉阀中心线速度

a）四级特斯拉阀中线速度 b）三级、四级特斯拉阀中线速度对比

　　图 3-16 所示为不同级数的特斯拉阀在不同压比下的入口速度和流量。由于密度变化小，氢气流量和压力之间的关系与氢气流量和入口速度的关系是相似的。研究还发现，氢气流量与压比之间成幂函数关系，当级数少于 5 且压比小于 0.48MPa 时，氢气的流量 q 可以通过拟合的公式（3-3）进行较好的预测。式（3-3）中相关参数的具体数值列于表 3-3 中。

$$q = a + bN^c (p_i/p_o - d)^e \tag{3-3}$$

式中，N 为多级特斯拉阀的总级数。

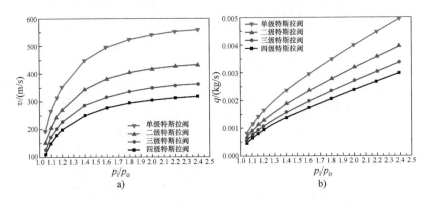

图 3-16　不同级数的特斯拉阀在不同压比下的入口速度与流量

a）入口速度　b）流量

表 3-3　式（3-3）中的相关参数的具体数值

参数	a	b	c	d	e
数值	1.6×10^{-4}	4.1×10^{-3}	-0.35	0.95	0.6

3.2　先导式截止阀压降分析

　　截止阀广泛用于过程工业，其性能直接关系到整个系统的稳定性和安全性。然而，传统的截止阀存在许多问题，例如执行机构过大，能耗高和启动缓慢等。为解决这些问题，浙江大学特种控制阀研究团队在 2009 年自主研发了先导式截止阀[12, 13]。先导式截止阀是一种结构简单、驱动能耗低的新型阀门，它利用阀前后的压力差来控制阀芯的运动，解决了传统截止阀执行机构过大的问题。

　　先导式截止阀的结构如图 3-17 所示。其本质是通过小阀门（先导阀）的启闭来实现对大

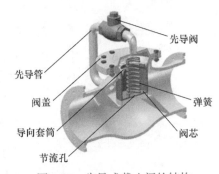

图 3-17　先导式截止阀的结构

阀门（主阀）的控制。其中先导阀可以是小型电动球阀或其他小阀门。因此，对比电动截止阀，先导式截止阀具有更简单的驱动结构和更小的驱动能耗，见表 3-4。

表 3-4　电动截止阀与先导式截止阀的比较

项目	电动截止阀	先导式截止阀
开启时间 /s	10 ~ 30	0.3 ~ 3
关闭时间 /s	10 ~ 30	0.3 ~ 3
开启能耗 /J	8000 ~ 24000	50 ~ 500
关闭能耗 /J	8000 ~ 24000	50 ~ 500

注：阀的规格为 DN 100。

先导式截止阀的工作过程如下：假定先导阀处于关闭的初始状态，先导管通道关闭。由于上部腔室（阀芯上方）和阀腔（阀芯下方）通过节流孔（在阀芯表面上）相连，所以阀芯上部压力 p_i 和阀芯下部压力 p_e 相等，阀芯在重力和弹簧力的作用下处于关闭状态。当先导阀打开时，上部腔室中的流体通过先导管排出。由于 p_e 的降低，力的初始平衡条件被破坏，阀芯将被压差 Δp 推动。当阀芯打开时，流体将流向出口，根据伯努利方程，腔体的压力 p_i 随着流量变化，同时，阀芯上的弹簧力也会随着位移变化，阀芯在达到新的力平衡后保持稳定，实现主阀的开启。当先导阀关闭时，先导管被阻塞，但流体仍继续流入上部腔室，导致先前的平衡再次被破坏，阀芯上部压力 p_i 增加直到等于阀芯下部压力 p_e。借助重力和弹簧力，阀芯与阀座配合并形成新的力平衡，实现主阀的关闭。

3.2.1　研究模型

由于先导式截止阀的几何模型复杂，所以本节中做出了一些简化，忽略了弹簧和导向套筒与阀芯之间的间隙，并简化了阀盖结构。

1. 模型建立

根据先导式截止阀的实际尺寸，利用三维软件对先导式截止阀内部流道进行建模。简化后的内部流道模型如图 3-18a 所示。为了保证阀前的流动和阀后的流动充分发展，将阀前的管线流道长度设为流通直径的 5 倍，阀后的管线流道长度设为流通直径的 10 倍。

2. 网格划分及数值模拟设置

将简化的先导式截止阀几何模型分为三部分，利用 GAMBIT 生成网格，如图 3-18b 所示。由于先导式截止阀的主体结构部分比较复杂，所以采用非结构网格，与阀门连接的管道部分采用结构网格。另外，为了消除网格的影响，需要进行网格独立性验证。以阀芯前后的压降作为验证网格独立性的参考变量，如表 3-5 所示，当网格数量分别为 492885 和 736884 时，阀芯前后的压降接近。为了节省计算资源，最终采用 4928785 个网格单元对流道进行划分。

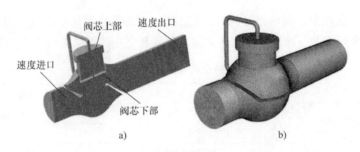

图 3-18　先导式截止阀流道计算区域的模型

a）简化后的内部流道模型　b）网格划分

表 3-5　不同网格数量下的压降

单元数	374914	492885	736884
Δp/Pa	1770	1730	1720

本节中，将离散格式设置为二阶迎风格式。工作介质为水，取温度为 20℃，水密度为 998.3kg/m³，黏度为 1.0006×10^{-3}Pa·s。湍流模型基于 Fluent 的 RNG k-ε 模型，采用 SIMPLE 的速度 - 压力耦合方法。入口条件设置为速度入口，出口条件为压力出口（2.5MPa），其余为无滑移壁面。收敛条件为残差小于 1.0×10^{-4}，且当阀芯前后的压降基本保持不变时，停止计算。阀芯底部上下表面不连续，初步分析发现两表面压力分布不均匀，如图 3-19 所示。因此，在 Fluent 中使用用户自定义函数（UDF），将阀芯前后的压降设定为这两个表面的平均压差。

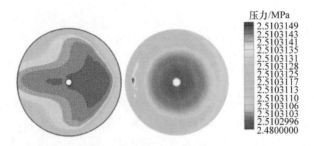

图 3-19　阀芯底面压力分布

3. 压降理论分析

管道中的局部损失取决于管道内部的流动特性，流体流过阀门所引起的损失是一种典型的局部损失。对于所研究的先导式截止阀来说，压降 Δp 与局部损失有关，局部损失系数 ξ 定义如下：

$$\xi = \frac{2h_v g}{v^2} \tag{3-4}$$

式中，h_v 是流体的水头损失，此时为阀芯底部两个表面之间的水头损失；g 是重力加速度；v 是流体速度。

压降 Δp 和水头损失 h_v 之间的关系为

$$\Delta p = \rho g h_v \tag{3-5}$$

式中，ρ 是流体密度。

结合式（3-4）和式（3-5），可以得到局部损失系数 ξ 和压降 Δp 之间的关系：

$$\xi = \frac{2\Delta p}{\rho v^2} \tag{3-6}$$

通过先导式截止阀的流体可以分为主流和分支流，简化后的阀内流场如图 3-20 所示。流量 2 代表分支流量，截面 A—A 代表流道喉部。阀门直径和阀芯内径为 d_n，节流孔直径为 d_o，先导管直径为 d_p，可以判断在先导式截止阀主流和分支流中存在较小的损失，其损失表示为 h_1，流体流过节流孔所产生的损失表示为 h_ξ，先导管进口的损失表示为 h_i，出口的损失表示为 h_o，先导管三个弯头产生的损失为 h_w，除此之外还有摩擦水头损失（忽略不计）。这些损失的表达式如下：

$$h_1 = A\xi_1 \frac{v^2}{2g} \tag{3-7}$$

$$h_\xi = \frac{v^2}{2g} \tag{3-8}$$

$$h_i = \left(1 - \frac{d_p^2}{d_n^2}\right)\frac{v_1^2}{4g} \tag{3-9}$$

$$h_o = B\frac{v_1^2}{2g} \tag{3-10}$$

$$h_w = 3\xi_w \frac{v_1^2}{2g} \tag{3-11}$$

式中，A 和 B 是相应方程的修正系数，为常数；ξ_1、ξ 和 ξ_w 分别是阀门的局部损失系数、导压管的压降局部损失系数和弯管的局部损失系数；v 是阀门内的流体速度；v_1 是导压管内的流体速度。假设流经孔板的流体速度为 v_2，$v_2 = \lambda v$（λ 为比例系数），根据图 3-20 可得

$$0.25\pi d_p^2 v_1 = 0.25\pi d_o^2 v_2 = 0.25\pi d_o^2 \lambda v \tag{3-12}$$

主管和支管的损耗是相等的，即

$$h_1 = h_\xi + h_i + h_o + h_w \tag{3-13}$$

结合式（3-7）～式（3-13）可以得到 ξ 的表达式：

$$\xi = A\xi_1 - \left(\frac{1}{2} + B + 3\xi_w\right)\left(\lambda\frac{d_o^2}{d_p^2}\right)^2 + \frac{1}{2}\left(\lambda\frac{d_o^2}{d_n d_p}\right)^2 \tag{3-14}$$

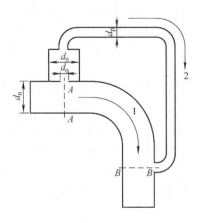

图 3-20　简化后的阀内流场

3.2.2　压降实验研究方案

1. 实验装置及流程

实验装置如图 3-21 所示，主要由位移传感器（安装于阀芯上，图 3-21 中未标出）、安全阀、活塞泵、缓冲罐和先导式截止阀 [图 3-21 中以 PCGV（pilot-control globe valve）表示] 组成。在实验过程中，利用缓冲罐调节管道内的压力，通过控制阀调节支管 1 内的流速。将位移传感器安装在阀芯上，测量阀芯位移 h。压降 Δp 与阀芯位移 h 的关系见式（3-15），因此可以进一步得到压降 Δp 的实验值，将数值模拟结果与实验值比较，即可验证数值模型的准确性。

$$\Delta p = \frac{G + f_0 + kh}{S} \tag{3-15}$$

式中，G 是阀芯重力；S 是阀芯底部下表面面积；f_0 是初始弹簧弹力；k 是弹簧刚度；h 是阀芯位移。

具体实验过程如下：首先将水泵入缓冲罐，直至压力维持在 2.5MPa ；其次采用正交实验法对先导式截止阀的阀芯位移进行了测定，测定工况为阀门口径为 100 ～ 200mm，节流孔直径为 4~12mm，导管直径为 15 ～ 25mm，进口流速为 0.5 ～ 1.5m/s。阀芯位移实验结果及压降计算结果见表 3-6。

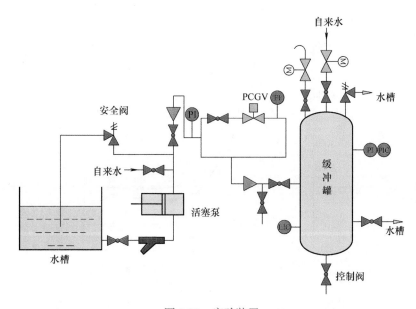

图 3-21　实验装置

PI—压力表　FI—流量计　LIC—流量显示控制器　PIC—压力显示控制器　M—电动阀

表 3-6　阀芯位移实验结果及压降计算结果

实验	阀门直径 / mm	孔口直径 / mm	先导管直径 / mm	速度 / （m/s）	阀芯位移 / mm	压降 /Pa
1	100	4	15	0.5	7.2	2809
2	100	8	20	1.0	9.1	3124
3	100	12	25	1.5	16.8	4399
4	150	4	20	1.5	18.3	2900
5	150	8	25	0.5	6.2	2009
6	150	12	15	1.0	4.1	1855
7	200	4	25	1.0	8.5	1887
8	200	8	15	1.5	10	1949
9	200	12	20	0.5	3.9	1696

2. 准确性验证

实验和数值模拟压降的比较如图 3-22 所示，由于忽略了零件间的摩擦，模拟值比实验结果大，但误差在 5%~ 15% 以内，从而证明了简化结构仿真计算的准确性。

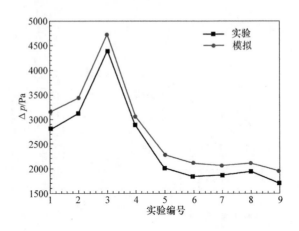

图 3-22　实验和数值模拟压降的比较

3.2.3　压降分析

1. 入口速度的影响

以阀门直径 d_n=150mm，先导管直径 d_p=10mm、15mm、20mm、25mm，节流孔直径 d_o=2mm、6mm、14mm、18mm 为例，分析入口速度对压降的影响，如图 3-23 所示。由图 3-23 可以看出，入口速度对压降的影响与先导式截止阀的几何结构有关。在不同的结构下，压降随速度的增加而增大，同时随着先导管直径增大而增大；在相同流速下，先导管直径越大，压降随节流孔直径的变化越小。特别说明：根据图 3-23，若先导管直径较小（d_p < 15mm）的同时节流孔直径较大（d_o >14mm），压降则为负值，在工业应用中没有意义；而在其他情况下，压降总为正值，并且随着速度的增大而增加。因此，当满足工程要求，即先导式截止阀能够正常运行时，压降随着入口速度的增大而增大。

以阀门直径 d_n = 150mm，先导管直径 d_p = 20mm，节流孔直径 d_o = 6mm 为例，分析其在 1m/s 和 3m/s 两种不同入口速度下阀内流体的速度分布和压力分布，如图 3-24 所示。由图 3-24 可以看出，当流体流过阀门时，即使在较低的雷诺数下，也能达到阻力平方区，即使入口流速发生变化，先导式截止阀内部的流场也几乎保持不变。当流体通过阀门时，会与阀芯底部下表面碰撞，改变自身的流动方向，在这一过程中，随着入口速度的增加，更多的动压头会转变为势压头；当进口速度较高时，阀芯底部下表面的高压区域的面积较大，同时随着入口流速的增加，流体通过的速度增加，但增加不显著；在不同的入口速度下，阀芯内部的流场和阀芯底部上表面的压力场分布几乎保持不变，而压降随入口流速的增加而增大。

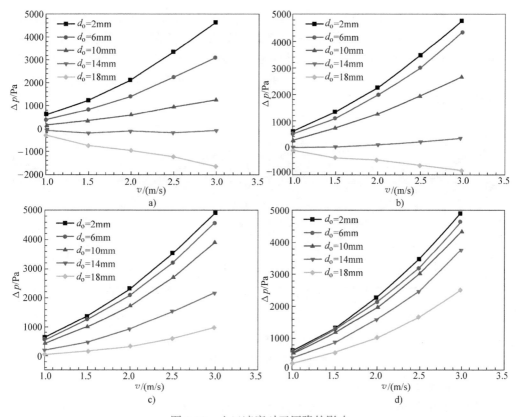

图 3-23　入口速度对于压降的影响

a）$d_p = 10$mm　b）$d_p = 15$mm　c）$d_p = 20$mm　d）$d_p = 25$mm

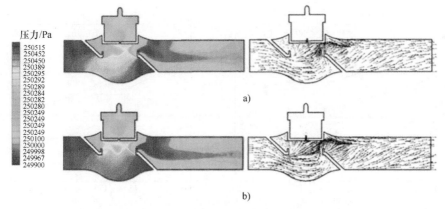

图 3-24　不同入口速度下的压力分布和速度流线

a）$v = 1$m/s　b）$v = 3$m/s

以阀门直径 $d_n = 150mm$，先导管直径 $d_p = 10mm$ 和 15mm 为例，分析入口速度对损失系数的影响，如图 3-25 所示。由图 3-25 可以看出，当节流孔直径 d_o 较大或者较小时，损失系数随入口速度的变化较为明显。总体而言，入口速度对损失系数的影响可以很小。此外，由于小孔径会导致堵塞，大孔径会导致负压降，所以在选取节流孔直径时须综合考虑。

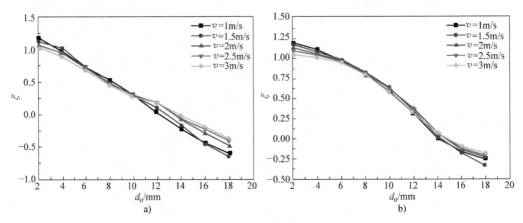

图 3-25　入口速度对损失系数的影响

a）$d_p = 10mm$　b）$d_p = 15mm$

2. 不同结构参数的影响

（1）主阀直径的影响　以先导管直径 $d_p = 15mm$，入口速度 $v = 2m/s$ 为例，分析阀门直径 d_n 对压降的影响，如图 3-26 所示。由图 3-26 可以看出，压降随着阀门直径的增大而减小。当节流孔直径和先导管直径变化时，压降的下降趋势几乎保持不变。此外，当先导管直径较大（如本例中 $d_p = 25mm$）、节流孔直径较小（$d_o \leqslant 10mm$）时，

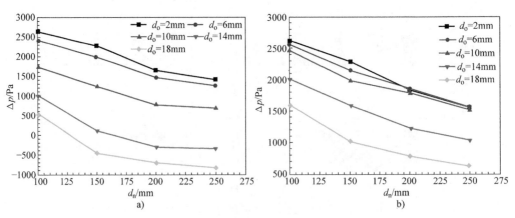

图 3-26　阀门直径对于压降的影响

a）$d_p = 15mm$　b）$d_p = 25mm$

相同阀门直径下的压降变化不明显。

由图 3-27 可以看出，阀门直径 d_n 的变化对于流场的影响较小。总体而言，随着阀门直径的增大，压降逐渐减小。当阀门直径较大时，阀座与阀芯底部的距离也较大，当流体流经阀芯底部下表面时，更多的动压头会变成势压头，故阀芯底部的速度也较大。当阀门直径较小时，可以发现阀芯底部下表面的高压区域相对较大；同时，当流体通过节流孔时，由于阀门直径较小，导致流体速度大，能量损失大。因此，阀芯底部上表面的低压区域相对较大。

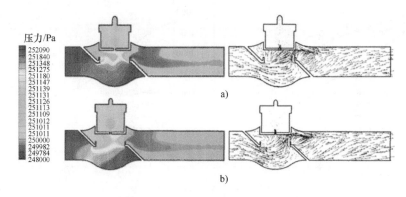

图 3-27 不同阀门直径下的压力分布和速度流线

a）$d_n = 150mm$ b）$d_n = 200mm$

以先导管直径 d_p =15mm、25mm，入口速度 v = 2m/s 为例，分析阀门直径对损失系数的影响，如图 3-28 所示。由图 3-28 可以看出，损失系数随阀门直径的增加而减小，与阀门直径对压降的影响相似。

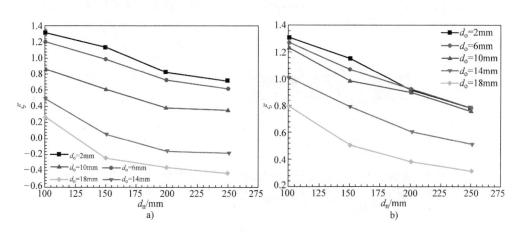

图 3-28 阀门直径对损失系数的影响

a）d_p =15mm   b）d_p =25mm

（2）节流孔直径的影响　以阀门直径 d_n = 150mm，入口速度 v = 1m/s 和 3m/s 为例，分析节流孔直径对压降的影响，如图 3-29 所示。由图 3-29 可以看出，压降随着节流孔直径的增加逐渐减小。当先导管直径相对较小（$d_p \leqslant$ 15mm），节流孔直径很大时，压降呈线性下降，甚至出现负值；当先导管直径较大（$d_p \geqslant$ 20mm）时，压降随节流孔直径的增大而减小，随先导管直径增大减小的速度较慢。因此，合理的节流孔直径是决定先导式截止阀能否正常工作的关键。

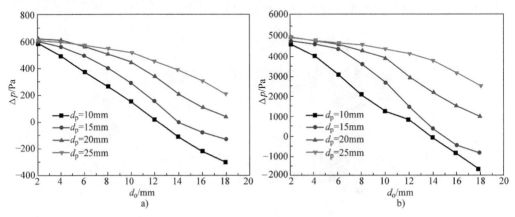

图 3-29　节流孔直径对于压降的影响

a）v = 1m/s　b）v = 3m/s

以阀门直径 d_n = 150mm，先导管直径 d_p = 20mm、进口流速 v = 2m/s 为例，分析节流孔直径 d_o 为 6mm 和 16mm 时阀内的流场和压力场，如图 3-30 所示。由图 3-30 可以看出，在不同的节流孔直径下，阀门内流场几乎保持不变，所以在阀芯底部下表面的压力分布几乎保持不变；但是当节流孔直径较大时，孔内流体流量较小，阀芯内

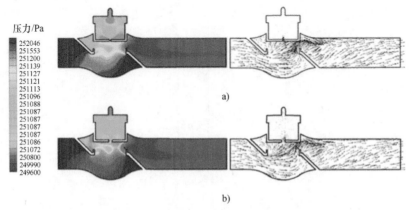

图 3-30　不同节流孔直径下的压力分布和速度流线

a）d_o = 6mm　b）d_o = 16mm

有较大区域的流体处于停滞状态，导致阀芯底部上表面的压力较低，所以随着节流孔直径的增加，压降减小。

以阀门直径 d_n = 150mm，入口速度 v = 1m/s 和 3m/s 为例，分析节流孔直径对损失系数的影响，如图 3-31 所示。由图 3-31 可以看出，损失系数随节流孔直径的增加而减小，与节流孔直径对压降的影响相似。

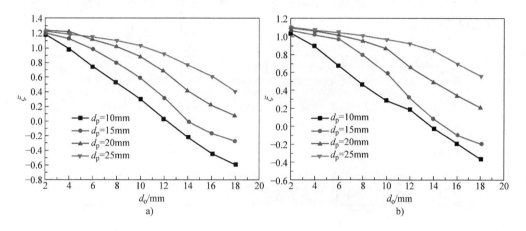

图 3-31　节流孔直径对损失系数的影响

a）v = 1m/s　b）v = 3m/s

（3）先导管直径的影响　以阀门直径 d_n = 150mm，进口速度 v = 1m/s 和 2.5m/s 为例，分析先导管直径对压降的影响，如图 3-32 所示。由图 3-32 可以看出，当节流孔直径较小时，压降基本保持不变；但随着节流孔直径的增大，先导管直径对压降的影响越来越显著，压降随先导管直径的增大而增大。

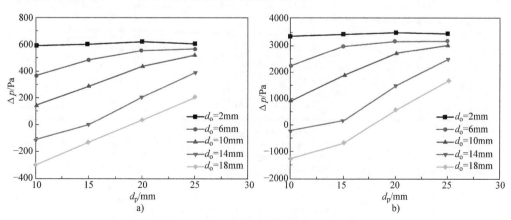

图 3-32　先导管直径对压降的影响

a）v = 1m/s　b）v = 2.5m/s

以阀门直径 d_n = 150mm，节流孔直径 d_o =14mm，进口流速 v = 2m/s 为例，分析两种不同先导管直径（15mm 和 25mm）下的流场和压力场，如图 3-33 所示。由图 3-33 可以看出，当先导管管径不同时，节流孔内的流场和流量保持不变，所以主管内的局部损失保持不变。在相同的流量下，随着先导管直径的增大，先导管内的速度和局部损失都会减小；流体通过节流孔所引起的局部损失也会随着先导管直径的增大而增大，这是因为主管、支管的局部损失是相等的。因此，随着先导管直径的增大，压降也随之增大。

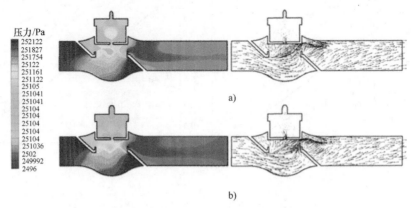

图 3-33　不同先导管直径下的压力分布和速度流线
a）d_p = 15mm　b）d_p = 25mm

以阀门直径 d_n = 150mm，入口速度 v = 1m/s 和 2.5m/s 为例，分析先导管直径对损失系数的影响，如图 3-34 所示。由图 3-34 可以看出，损失系数随先导管直径的增大而增大。

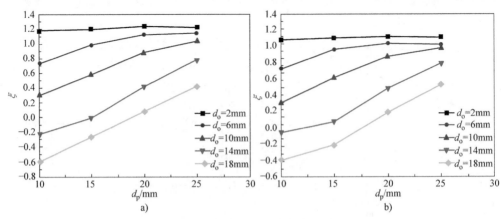

图 3-34　先导管直径对损失系数的影响
a）v = 1m/s　b）v = 2.5m/s

3. 损失系数方程

根据简化的流场，在前文中介绍了损失系数 ξ 与阀门直径 d_n、节流孔直径 d_o 和先导管直径 d_p 的简单关系式。在这一部分中，基于式（3-14）和模拟结果导出了一种新的相关性。

节流孔内的流速 v_2 与入口流速 v 通过变量 λ 相关联，即 λ 受 d_n/d_o 的影响。因此，式（3-14）中的 $\lambda d_o^2/d_p^2$ 和 $\lambda d_o^2/(d_n d_p)$ 等变量可以转化为 $d_n d_o/d_p^2$ 和 d_o/d_p 等新变量，所以式（3-14）可转化为

$$\xi = A\xi_1 - \left(\frac{1}{2} + B + 3\xi_w\right)\left(\frac{d_n d_o}{d_p^2}\right)^2 + \frac{1}{2}\left(\frac{d_o}{d_p}\right)^2 \tag{3-16}$$

由式（3-16）可见，ξ 受 $d_n d_o/d_p^2$ 和 d_o/d_p 等的影响，所以关于损失系数的表达式可以写为

$$\xi = \lambda_1 + \lambda_2 \frac{d_o}{d_p} + \lambda_3\left(\frac{d_o}{d_p}\right)^2 + \lambda_4 \frac{d_n d}{d_p^2} + \lambda_5\left(\frac{d_n d_o}{d_p^2}\right)^2 \tag{3-17}$$

根据模拟结果，通过 IstOst 软件拟合公式如下：

$$\xi = 1.126 + 0.501\frac{d_o}{d_p} - 0.297\left(\frac{d_o}{d_p}\right)^2 - 0.107\frac{d_n d_o}{d_p^2} +$$

$$0.00222\left(\frac{d_n d_o}{d_p^2}\right)^2 \tag{3-18}$$

以阀门直径 $d_n = 100\text{mm}$ 和导管直径 $d_p = 10\text{mm}$，阀门直径 $d_n = 200\text{mm}$ 和导管直径 $d_p = 25\text{mm}$ 为例，用式（3-18）进行计算和模拟的结果比较。

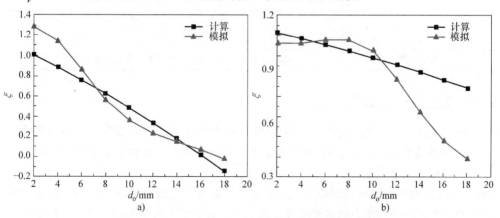

图 3-35　用式（3-18）进行计算和模拟的结果比较

a）$d_n = 100\text{mm}$，$d_p = 10\text{mm}$　　b）$d_n = 200\text{mm}$，$d_p = 25\text{mm}$

由图 3-35 可以看出，当先导管直径较小时，模拟结果与计算结果吻合较好；但当先导管直径较大时，如果节流孔直径也较大，模拟结果与计算结果会有较大偏差。因此，在用式（3-18）计算损失系数之前，应限制相关结构参数，再将模拟结果与计算结果进行比较。三种结构参数的限制条件见表 3-7。当满足一定条件时，模拟结果与计算结果的误差在 20% 以内。利用式（3-19）可以估算先导式截止阀的驱动力 F：

$$F = \Delta pS = \frac{\pi}{4} d_{\mathrm{n}}^{2} \xi \frac{\rho v^{2}}{2} \qquad (3\text{-}19)$$

表 3-7　三种结构参数的限制条件

参数	数值			
阀门直径 /mm	100	150	200	250
先导管直径 /mm	10/15/20	15/20/25	15/20/25	20/25/30
节流孔直径 /mm	2~10	2~10	2~10	2~10

各变量之间的关系见表 3-8。驱动力和阀芯前后的压降有关，驱动力应大于全开状态下阀芯的重力和弹簧力之和。在设计过程中，当确定了阀芯的重力和弹簧刚度时，可以利用式（3-19）来估算上述结构参数的尺寸，也可以综合估算各变量的值。该方法可用于结构相似的阀门设计，也可为其他阀门的设计提供参考。

表 3-8　各变量之间的关系

项目	拟合方程
压降损失系数 ξ	$\xi = 1.126 + 0.501 \dfrac{d_{\mathrm{o}}}{d_{\mathrm{p}}} - 0.297 \left(\dfrac{d_{\mathrm{o}}}{d_{\mathrm{p}}} \right)^{2} - 0.107 \dfrac{d_{\mathrm{n}}d}{d_{\mathrm{p}}^{2}} + 0.00222 \left(\dfrac{d_{\mathrm{n}}d_{\mathrm{o}}}{d_{\mathrm{p}}^{2}} \right)^{2}$
压降 Δp/Pa	$\Delta p = \xi \dfrac{\rho v^{2}}{2}$
驱动力 F/N	$F = \Delta pS = \dfrac{\pi}{4} d_{\mathrm{n}}^{2} \xi \dfrac{\rho v^{2}}{2}$
限制条件	适用于不可压缩流体，结构参数的限制条件见表 3-7

3.3　减压阀节流组件分析

减温减压装置是蒸汽系统中调节温度、压力和流量等热能参数，利用余热余压以及保护系统设备与管路安全的关键装置。大型煤化工、大容量发电机组、百万吨级乙烯工程等领域需要用到各种高流量、高参数（入口压力 ≥ 10MPa，入口温度 ≥ 540℃）的热能机组，所以对减温减压装置的性能要求也越来越高[14]。减压阀是减温减压装置中控制蒸汽压力的重要部件，其原理是通过调节流道面积，将蒸汽的进口压力减至目标值。本节针对一种高参数减压阀进行了研究，分析了减压阀内部节流组件对其减压效果的影响。

3.3.1　研究模型

1. 几何模型

图 3-36 所示为一种多级高压减压阀的结构。减压阀内腔的内、外多孔笼罩中小孔的相对角度为 180°。在出口处的孔板数量为 1，厚度为 30mm，孔板内的小孔直径为 10mm。

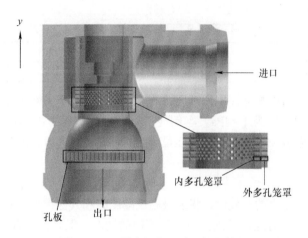

图 3-36　一种多级高压减压阀的结构

如图 3-37 所示，减压阀结构分为 A1~A7，分别为进口、多孔笼罩阀芯、入口腔、流体腔、孔板和出口，共 7 个部分。由于结构的对称性，所以选择一半的流场进行计算。采用控制变量法研究减压阀内相对角度、孔板厚度、孔板数量及孔板小孔直径对

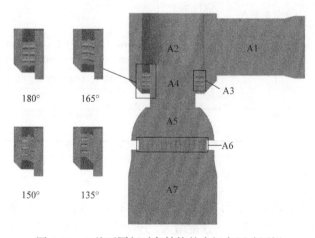

图 3-37　4 种不同相对角结构的多级高压减压阀

减压效果的影响。相对角度变量取值为 180°、165°、150°、135°，孔板厚度的变量取值分别为 25mm、30mm、35mm 和 40mm，孔板的数量分别为 1、2 和 3，孔板小孔直径的变量取值为 7mm、8mm、9mm、10mm、11mm 和 12mm。

2. 网格划分及数值模拟设置

由于内、外多孔笼罩和孔板结构复杂，所以为保证较好的网格质量和较高的计算精度，采用四面体网格对其进行离散，并对网格单元质量进行检查。此外，还须进行网格独立性验证，见表 3-9。网格数量为 171×10^4 时最合适，并将网格单元最小边长设置为 1.4mm。

表 3-9   网格独立性验证

网格数量 /10^4	101	114	129	160	171	186	194
流量 /（kg/s）	24.987	24.941	25.421	25.524	25.913	25.851	25.914

多级高压减压阀中流动介质为可压缩的过热蒸汽，由于实际工况需求，温度设置为 518.85℃，压力设置为 10MPa。本例使用压力入口和压力出口作为边界条件，将入口的静压设置为 10MPa，出口的静压设置为 1MPa；将进口、出口的温度均设置为 518.85℃。

3. 模型验证

为了验证模拟结果的有效性，将多级高压减压阀和其他类型的阀门模拟结果进行比较，见表 3-10。尽管这四种阀门适用于不同的情况，但它们具有相似的工作原理、功能以及研究方法。本例建立减压阀内部流道有限元分析模型，计算出不同开度和流量下的内部流场，其测试和模拟的偏差在允许的误差范围内。

表 3-10   4 种阀门不同参数的模拟结果比较

名称	介质	尺寸 /mm	开度	压力 /MPa
多级高压减压阀	可压缩过热蒸汽	入口：209 出口：305	100%	10（进口） −1（出口）
节流阀	生物流	DN 8	2.0mm、1.5mm、1.2mm、1.0mm、0.8mm、0.6mm、0.4mm、0.2mm	0（出口）
减压阀	水	DN 600	20%、40%、60%、80%、100%	0.52（进口）
用于湿式摩擦离合器的减压阀	油	—	0~12mm	0.3（出口）

3.3.2   笼罩小孔对减压效果的影响分析

由图 3-38 可以看出，当流体流过多孔笼罩小孔时，它的流动横截面迅速收缩，流体经历绝热压缩过程，温度升高，速度增大，压力降低；当流体进入笼罩内部后，伴随着流动面积的增加，流体经历绝热膨胀过程，温度下降，速度减小，压力增加，但由于在多孔笼罩处有能量损耗，所以压力无法恢复到先前的水平；当流体扩散至笼罩内的下半部时，由于涡流的存在产生了较低的压力区域，所以流场两侧压力低于中间区域；最后，流体流过多孔孔板完成二级减压，压力降低到出口设定值。

此外，如图 3-38 所示，低压区域随着相对角度的减小而变小，在相对角度为 135° 时，低压区域的位置移动到入口腔的顶部。

图 3-39 所示为相对角度为 180°、165°、150° 和 135° 时阀内流场沿 y 方向上的压力分布。在节流组件的位置 $y = 0.2m$ 和 $y = 0m$ 处压力显著下降，尤其当相对角为 135° 时，

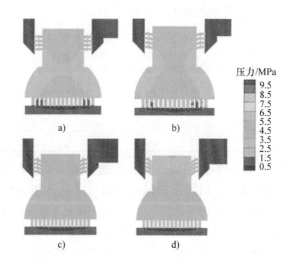

图 3-38　相对角度为 180°、165°、150° 和 135° 时对称面上的压力分布

a）180°　b）165°　c）150°　d）135°

流体在通过第一个节流组件时压力下降最为明显，但随后压力再次回升并稳定在相对较高的水平。

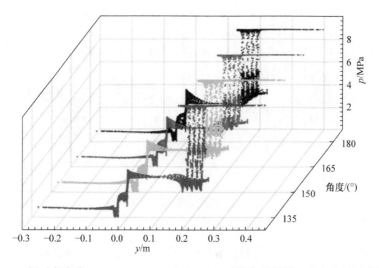

图 3-39　相对角度为 180°、165°、150° 和 135° 时阀内流场沿 y 方向上的压力分布

表 3-11 列出了不同相对角度下两级节流组件减压后的压力和压比，可以发现，当相对角度为 150° 时，第一级压力最低，当相对角度小于 150° 时，第一级压比再

次增加；当相对角度为 180° 时，减压效果最佳。其中，多孔笼罩阀芯的减压比率为 75.6%，孔板的减压比率为 24.4%。

表 3-11 不同相对角度下两级节流组件减压后的压力和压比

相对角度 /(°)	一级压降后压力 /MPa	一级压比	二级压降后压力 /MPa	二级压比
180	3.2	3.125	1	3.2
165	3.3	3.030	1	3.3
150	3.6	2.778	1	3.6
135	3.5	2.857	1	3.5

由图 3-40 可以看出，在流体腔 A5 区域出现了流体循环区域和涡流，且相对角度越大，涡流面积越小。由于多孔孔板处的流动横截面积突变，最大速度出现在多孔孔板小孔之后，约为 1275m/s，而最大速度与相对角度无明显关系。多孔孔板出口处平面的雷诺数通过方程来计算，该平面位置过热蒸汽的平均速度分别为 350.95m/s、343.94m/s、357.02m/s 和 357.33m/s，平面的直径为 285mm，过热蒸汽的密度为 29.5kg/m^3，蒸汽的黏度取决于其温度（518.85℃）和压力（1MPa），其值为 29.3 × 10^{-6}Pa·s。因此，4 个结构的雷诺数分别为 1.007 × 10^8、0.987 × 10^8、1.024 × 10^8 和 1.025 × 10^8。

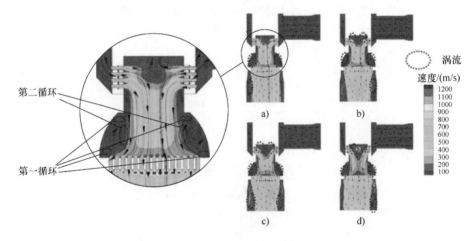

图 3-40 不同相对角度对称面上的速度流线分布

a）180° b）165° c）150° d）135°

如图 3-41 所示，随着相对角度的减小，湍流耗散率 ε 不断增加。这意味着较大的相对角度有较小的流阻。

如图 3-42 所示，入口和出口的温度分布基本保持不变，不同相对角度下的内部流体温度分布基本相同，最低温度均出现在多孔孔板小孔之后，大约为 470K；当相对角度减小时，低温区域变大；在最低温度区后，温度再次迅速升高到较高水平，但仍略低于初始值。

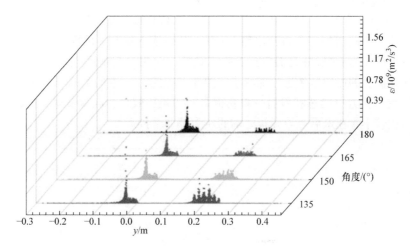

图 3-41　不同相对角度下 y 方向的湍流耗散率

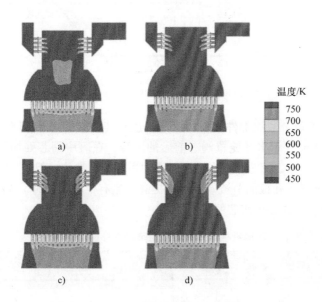

图 3-42　不同相对角度下对称面上的温度分布
a）180°　b）165°　c）150°　d）135°

由上述分析可得，180° 的相对角度模型具有较高的压比，引起较少的涡流并降低湍流动能耗散率，最大速度出现在多孔孔板小孔之后，大约为 1275m/s，因而 180° 是最理想的内、外多孔笼罩小孔之间的相对安装角度。

3.3.3　多孔孔板对减压效果的影响分析

1. 多孔孔板数

图 3-43 所示为 1～3 块多孔孔板模型中对称面上的压力分布和 y 方向压力分布比较。随着孔板数的增加，压力变化趋于稳定。以含有 3 块孔板的模型为例，每个部分的压力变化都较为平缓；并且随着孔板数的增加，A4 和 A5 部分的低压区域显著减小，最后一块孔板后的低压区域也相应减小。图 3-43 比较了 y 方向上的压力变化，孔板数增加会影响多孔笼罩阀芯和最后一块孔板之间的减压效果，同时发现 2 块、3 块孔板的减压占比较小，在最后一块孔板之前的压力都非常接近。

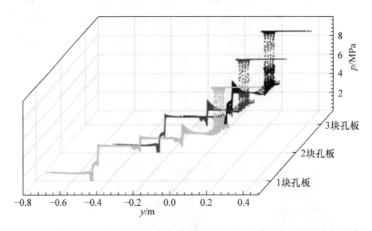

图 3-43　1~3 块多孔孔板模型中对称平面上的压力分布和 y 方向压力分布比较

表 3-12 列出了每个节流部件之后的压降，还有其相应的占总压降的百分比（总压降为 9MPa）。Δp_1 表示多孔笼罩阀芯前后的压降，在表中阀芯处均具有最大的占总压降的百分比，意味着阀芯在整个减压过程中占据主导地位。但是，Δp_1 会随着孔板的增加而显著下降，孔板的节流效果逐渐提高，当有 3 块孔板时，$\Delta p_1/\Delta p$ 降低到 54.4%，孔板的节流效果接近阀芯的节流效果。

表 3-12　不同孔板数下的各级压降和占总压降的百分比

孔板数/块	$\Delta p_1/$MPa	$\Delta p_1/\Delta p$（%）	$\Delta p_2/$MPa	$\Delta p_2/\Delta p$（%）	$\Delta p_3/$MPa	$\Delta p_3/\Delta p$（%）	$p_4/$MPa	$\Delta p_4/\Delta p$（%）
1	6.8	75.6	2.2	24.4	0	0	0	0
2	5.5	61.1	0.7	7.8	2.8	31.1	0	0
3	4.9	54.4	0.6	6.7	0.9	10.0	2.6	28.9

如图 3-44 所示，随着孔板数的增加，最后一块孔板之前的涡流面积减小，而最后一块孔板之后涡流区域变大。经计算，3 个模型的雷诺数分别为 1.007×10^8、1.027×10^8 和 0.995×10^8。图 3-45 比较了 y 方向上的湍流耗散率，最大值均出现在最后一块孔板

中，并且最后一块孔板处的湍流耗散率随着孔板数增加而上升。三种结构中湍流耗散率 ε 的最大值出现在 2 块孔板模型的第 2 块板中，大约为 $2.2 \times 10^9 \, \text{m}^2/\text{s}^3$。

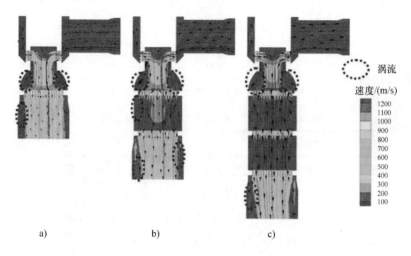

图 3-44 1～3 块多孔孔板模型中对称面上的速度分布和流线
a）1 块孔板 b）2 块孔板 c）3 块孔板

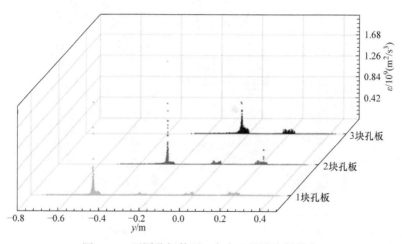

图 3-45 不同孔板数下 y 方向上的湍流耗散率

2. 多孔孔板厚度

孔板的厚度定义为流体流经孔板的长度。4 种孔板的厚度分别设置为 25mm、30mm、35mm 和 40mm。孔板厚度对节流效果的影响见表 3-13。由表 3-13 可以看出，孔板厚度对其流动特性（压力、流速和温度）无明显影响。

表 3-13 孔板厚度对节流效果的影响

厚度 /mm	25	30	35	40
Δp_1/MPa	6.75	6.80	6.78	6.80
Δp_2/MPa	2.25	2.20	2.22	2.20
$\varepsilon/10^9$（m^2/s^3）	7.8	0.66	0.59	0.9
v_{max}/（m/s）	1232.59	1246.72	1246.64	1232.92
T_{min}/K	415.873	409.488	413.78	413.764
T_o/K	790	789	786	786

注：T_{min} 为最小温度；T_o 为出口温度。

3. 多孔孔板小孔直径（孔径）

图 3-46 所示为不同孔径多孔孔板模型中对称平面上的压力分布。当孔径大于 10mm 时，图 3-46e 和图 3-46f 中的出口压力不再等于 1MPa，而是直接降至负压，孔板小孔后有明显的速度和温度分层现象。当孔径大于 10mm 时，流动特性会发生很大变化。为避免这种情况，孔径的设置应小于 10mm。

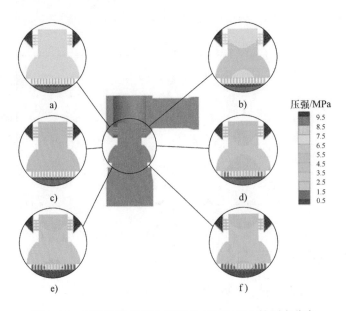

图 3-46 不同孔径多孔孔板模型中对称面上的压力分布

a）7mm b）8mm c）9mm d）10mm e）11mm f）12mm

在图 3-46a ~ d 中，孔径影响 A3、A4 和 A5 区域中的压力分布，压力随着孔径的减小而减小。由表 3-14 可知，第二级节流组件的压降占总压降的百分比随着孔径的减小而上升，当孔径小于 8mm 时，孔板的节流效果超过了阀芯。由图 3-47 可以看出，孔径减小使阀芯和孔板之间的压差明显增加，这说明了孔径对阀内流体压力分布有很大的影响；当孔径为 7mm 时，阀芯后的压力最高；出口流量随着孔径的减小而减小，导致残留在阀室中的流体阻碍了涡流的产生，使得阀室内流场压力均匀分布。

表 3-14　不同孔径下的各级压降和占总压降的百分比

直径 /mm	Δp_1/MPa	$\Delta p_1/\Delta p$（%）	Δp_2/MPa	$\Delta p_2/\Delta p$（%）
7	3.3	36.7	5.7	63.3
8	3.8	42.2	5.2	57.8
9	5.8	64.4	3.2	35.6
10	6.8	75.6	2.2	24.4

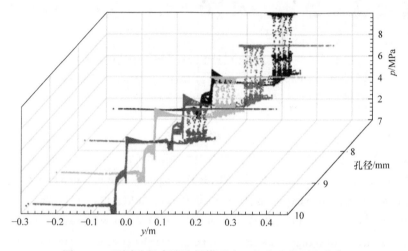

图 3-47　不同孔径多孔孔板模型中 y 方向上的压力分布

由图 3-48 可以看出，涡流区域随着孔径减小而减小，最高流速也明显下降，在孔板小孔之后的流域中也存在相同的现象。图中 6 个模型的雷诺数分别为 0.903×10^8、0.963×10^8、0.995×10^8、1.007×10^8、1.264×10^8 和 1.293×10^8，显然，雷诺数的上升与孔径的增大有关，这表明较小的孔板孔径有利于稳定流动；但当孔径大于 10mm 时，雷诺数从 1.007×10^8 迅速增至 1.264×10^8，流速出现了分层现象。

如图 3-48 所示，随着孔径缩小，温度波动变小。以孔径 7mm 为例，孔板小孔之前的流场温度保持稳定，尤其是内、外多孔笼罩阀芯的连接处，孔板小孔后的低温区域也相对减小。因此，在保证出口流量的前提下，合理减小孔板孔径，可达到最佳的流动状态，并减少能耗。

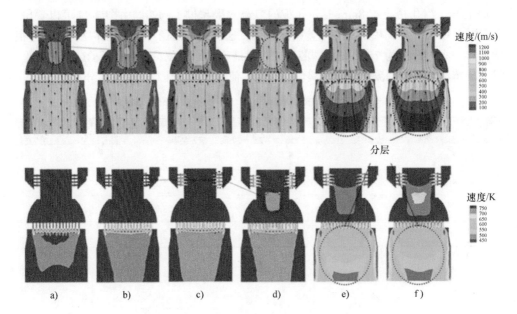

图 3-48 不同孔径多孔孔板模型中对称面上的速度和温度分布

a）7mm b）8mm c）9mm d）10mm e）11mm f）12mm

参考文献

[1] 陈富强. 高参数多级减压阀可压缩湍流特征及气动噪声研究 [D]. 杭州：浙江大学，2019.

[2] VELUSWAMY H P, KUMAR R, LINGA P. Hydrogen storage in clathrate hydrates: Current state of the art and future directions [J]. Applied Energy, 2014, 122 : 112-132.

[3] FERNANDEZ R A, CILLERUELO F B, MARTINEZ I V. A new approach to battery powered electric vehicles: A hydrogen fuel-cell-based range extender system [J]. International Journal of Hydrogen Energy, 2016, 41（8）: 4808-4819.

[4] ZHENG J Y, LIU X X, XU P, et al. Development of high pressure gaseous hydrogen storage technologies [J]. International Journal of Hydrogen Energy, 2012, 37（1）: 1048-1057.

[5] CHENG J, XIAO J, BéNARD P, et al. Estimation of Final Hydrogen Temperatures during Refueling 35MPa and 70MPa Tanks [J].Energy Procedia, 2017, 105 : 1363-1369.

[6] LIN Z H, OU S Q, ELGOWAINY A, et al. A method for determining the optimal delivered hydrogen pressure for fuel cell electric vehicles [J]. Applied Energy, 2018, 216 : 183-194.

[7] CASTAGNET S, ONO H, BENOIT G, et al. Swelling measurement during sorption and decompression in a NBR exposed to high-pressure hydrogen [J]. International Journal of Hydrogen Energy, 2017, 42（30）: 19359-19366.

[8]   CHEN F Q, ZHANG M, QIAN J Y, et al. Pressure analysis on two-step high pressure reduc-
      ing system for hydrogen fuel cell electric vehicle [J]. International Journal of Hydrogen Energy,
      2017, 42 (16): 11541-11552.

[9]   JIN Z J, CHEN F Q, QIAN J Y, et al. Numerical analysis of flow and temperature characteris-
      tics in a high multi-stage pressure reducing valve for hydrogen refueling station [J]. International
      Journal of Hydrogen Energy, 2016, 41 (12): 5559-5570.

[10] QIAN J Y, LIU B Z, LEI L N, et al. Effects of orifice on pressure difference in pilot-control
      globe valve by experimental and numerical methods [J]. International Journal of Hydrogen En-
      ergy, 2016, 41 (41): 18562-18570.

[11] ZHANG S, WINOTO S H, LOW H T. Performance simulations of Tesla microfluidic valves [C]//
      Proceedings of the International Conference on Integration and Commercialization of Micro and
      Nanosystems.Sanya : American Society of Mechanical Engineers,2007.

[12] QIAN J Y, WEI L, JIN Z J, et al. CFD analysis on the dynamic flow characteristics of the
      pilot-control globe valve [J]. Energy Conversion and Management, 2014, 87 : 220-226.

[13] QIAN J Y, ZHANG H, WANG J K, et al. Research on the optimal design of a pilot valve
      controlling cut-off valve [J]. 2013 International Conference on Process Equipment, Mechatronics
      Engineering and Material Science, 2013, 331 : 65-69.

[14] 费扬 . 新型高参数减压阀流动特性与高温高压强度分析 [D]. 杭州：浙江大学，2015.

第 4 章

特种阀门流场分析

阀门内部流场形状及其变化规律决定了阀门能否实现预期的功能，并直接影响阀门的各项性能。为获得更好的外在调控能力，对特种阀门的流场进行分析必不可少[1]。减压阀、截止阀以及其他各种形式的调节阀广泛应用于过程工业，其性能优劣直接关系到系统功能的稳定性和使用的安全性[2-4]。本章选取了两种特殊的减压阀，以及套筒式调节阀和活塞式截止阀各一种为对象，对这四种特种阀门阀内流场特性进行了数值分析，为其他特种阀门流场分析提供了借鉴与参考。

4.1　减压阀阀内流场分析

目前减压阀存在调压精度低、能量损失大、噪声大[5]及不能适应高参数工况等缺陷[6]，因而能适应严苛工况、性能更优良的高参数减压阀越来越受到重视。本节选取了两种具有各自特点的高参数减压阀进行了研究分析。

4.1.1　研究模型

1. 几何模型

一种是具有双节流结构的新型高参数减压阀（以下简称减压阀 A），其结构如图 4-1 所示。该减压阀采用了锻造焊接角型单座阀芯，通过调节阀芯的位移来调节蒸汽压力。此外，在阀座出口处放置节流孔板，如图 4-2 所示，以降低压力和噪声。减压阀 A 有三个腔，即进口腔、出口腔和阀芯后腔。阀芯在阀体的中间，阀芯的锥面周围是阀座。该阀的进口直径为 175mm，出口直径为 275mm，阀芯的半锥角为 29°。该减压阀适用于高温、高压比和高流量工况，具有调压精度高、调速快、能量损失小及噪声低等优点。

另一种是新型高参数多级减压阀（以下简称减压阀 B），其结构如图 4-3 所示。减压阀 B 由三级套筒、一级阀芯和一级孔板组成，共可实现五级减压过程。该模型的进口直径为 250mm，出口直径为 350mm。套筒孔径为 5mm，阀芯孔径为 8mm，孔板孔径为 8mm。该减压阀具有减振降噪、降低能耗和适应复杂工况等优点。

2. 网格划分及数值模拟设置

由于两种阀门结构均具有对称性，故只需建立一半的流道模型。为同时兼顾计算精度和计算效率，采用混合网格对两个模型进行划分，如图 4-4 和图 4-5 所示。

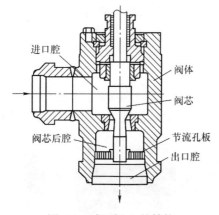

图 4-1　减压阀 A 的结构

图 4-2　节流孔板

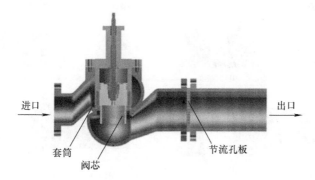

图 4-3　减压阀 B 的结构

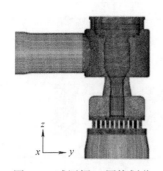

图 4-4　减压阀 A 网格划分

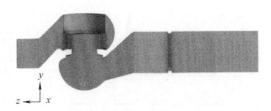

图 4-5　减压阀 B 网格划分

　　减压阀 A 选择压力入口和压力出口作为边界条件。根据实际工况，入口压力设置为 10MPa，出口压力设置为 1MPa。流体在阀内流动是等熵膨胀流动，流体的进出口温度不变，均为 539℃。壁面设置为无滑移边界条件。

　　减压阀 B 的流体介质设为过热蒸汽。根据实际工况，选择压力入口和压力出口作为边界条件，入口压力为 6MPa，入口温度为 519℃。壁面设为无滑移边界条件。求解器选择基于密度求解器，湍流动能和湍流耗散率均采用一阶迎风格式。

4.1.2　节流结构对流场的影响

1. 节流结构对蒸汽压力场的影响

首先分析减压阀 A 的压力场。如图 4-6 所示，蒸汽在阀芯及节流孔板处分别出现两次明显的压力下降。当减压阀开度增大时，压力梯度最大的位置从阀芯处转移到了

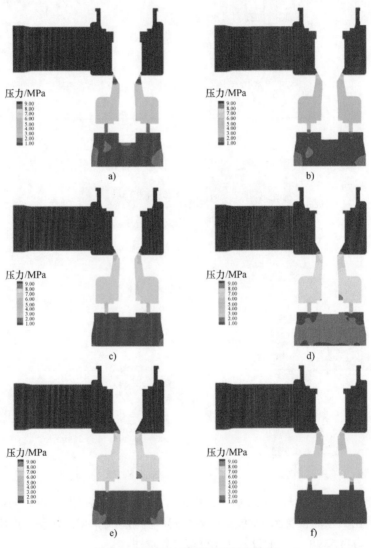

图 4-6　不同相对开度下的压力分布

a）相对开度 20%　b）相对开度 40%　c）相对开度 60%
d）相对开度 80%　e）相对开度 100%　f）优化后相对开度 60%

孔板处。以图 4-6b 为例，蒸汽在入口和阀芯之间流动时压力变化很小，而当蒸汽通过阀芯锥面附近时，由于流动面积突然减小，蒸汽经历了等熵压缩后，压力突然降低。同时，蒸汽的湍流强度和湍流耗散率也迅速增大。当蒸汽从阀芯流出后，流通面积开始增加，蒸汽经历了绝热膨胀过程。但由于湍流程度剧烈，能量耗散大，蒸汽压力无法达到初始值。

由于当流体通过孔板等流通面积突然变化的截面时，流动方向发生变化，机械能降低，能耗增大。为了解决这一问题，对孔板结构进行了改进：用渐变截面代替突变截面，同时提高了孔板高度。以相对开度 60% 为例，改进后的压力分布如图 4-6f 所示，阀芯后的低压区相对未改进结构中的低压区扩大了 3 倍以上，湍流程度降低，从而减少了能耗。

图 4-7 所示为不同相对开度下蒸汽沿 z 方向的压力变化。结合图 4-6、图 4-7 可得，蒸汽压力在阀芯及节流孔板处产生两次压降的原因在于，孔板和阀芯将蒸汽的压力势能转化为了动能。因此在减压过程中，可以看到节流部分出现了超音速流动。如图 4-8 所示，随着相对开度的增加，第一次节流后蒸汽压力逐渐上升，第二次节流后蒸汽压力逐渐压力下降。结果表明，随着相对开度的增大，阀芯的节流作用减弱，而孔板的节流作用增强，当相对开度大于 60% 时，孔板将起主导减压作用。

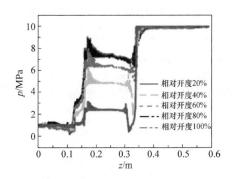

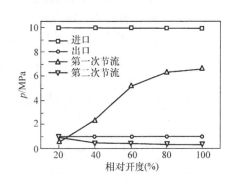

图 4-7　不同相对开度下蒸汽沿 z 方向的压力变化　　图 4-8　压力随相对开度的变化

对减压阀 B，以相对开度 20% 为例讨论蒸汽的压力变化过程。由图 4-9、图 4-10 可以看出，进口管道、阀腔和出口管道处的蒸汽压力基本保持恒定，但在套筒、阀芯和孔板处，同样由于这些节流元件处的流通面积发生减小，导致蒸汽发生绝热膨胀，压力降低。

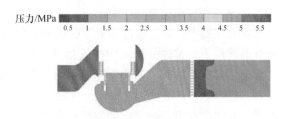

图 4-9　相对开度 20% 下对称面压力分布

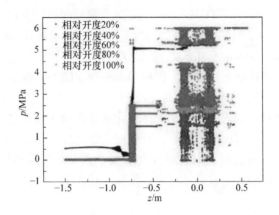

图 4-10　不同相对开度下蒸汽沿 z 方向的压力变化

不同阀门相对开度下节流元件后的蒸汽压力见表 4-1。从表 4-1 可以看出，相对开度 20% 时，阀芯前后蒸汽压力由入口时的 6MPa 降至 5.2MPa，其他相对开度下的阀芯压力由 6MPa 可降至 2.1~2.3MPa。出现该差距的原因是随着相对开度的增加，总的减压面积增大，所以上述绝热膨胀过程变得更加明显，套筒和阀芯处的压力梯度也变得更大。相对开度 20% 下孔板前后蒸汽压力由 5.2MPa 降低至 0.5MPa，而除相对开度 20% 外，孔板前后蒸汽压力都是由 2.1~2.3MPa 减至 0.14MPa。这说明孔板处的减压过程不受相对开度的影响，但孔板前的压力会受到阀芯后压力的影响。

表 4-1　不同阀门相对开度下节流元件后的蒸汽压力

相对开度（%）	阀芯处压力 /MPa	孔板处压力 /MPa
20	5.2	0.50
40	2.1	0.14
60	2.2	0.14
80	2.2	0.14
100	2.3	0.14

2. 节流元件对速度场的影响

在减压阀中，蒸汽速度随流通面积的变化而变化，因此可以通过改变流通面积来调节蒸汽压力。首先分析减压阀 A 的速度场，图 4-11 所示为在不同相对开度下的速度分布。由图 4-11 可以看出，随着相对开度的增大，压力梯度发生变化，最大速度点从阀芯处移动到孔板处。在节流元件附近，湍流强度较高，速度较快。根据流线分布表明，在阀芯和出口腔之间的空腔中会出现一些旋涡。这些旋涡会消耗大部分动能，并产生一个回流区，从而导致阻塞流的产生并减小流通面积。图 4-12 所示为蒸汽湍流耗散率 ε 沿 z 方向的变化。ε 值越大，湍流脉冲长度和时间尺度越小，湍流强度越大，能量耗散越大。结果表明，孔板处湍流强度高，动能消耗大；同时，随着相对开度的增加，能量耗散也增加。

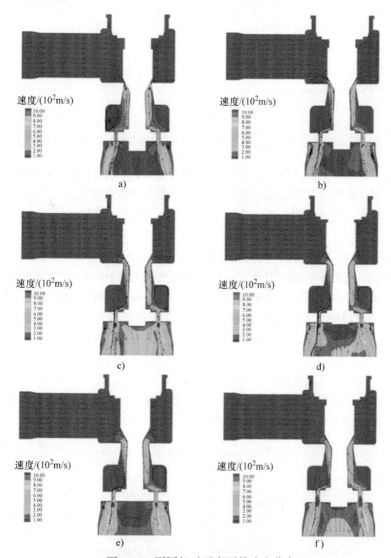

图 4-11 不同相对开度下的速度分布

a）相对开度 20%　b）相对开度 40%　c）相对开度 60%
d）相对开度 80%　e）相对开度 100%　f）优化后相对开度 60%

图 4-11f 所示为对孔板结构进行了改进后相对开度为 60% 时的速度分布。由该图可以看出，阀芯后空腔部位的旋涡明显减少，只出口空腔内仍少量存在旋涡。图 4-13 所示为改进前后湍流耗散率的比较。由该图可以看出，在出口空腔处，湍流耗散明显减小，但孔板周围湍流耗散的减小并不明显，应进一步改善。

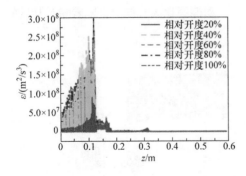

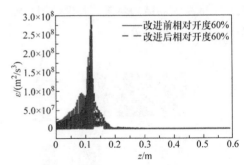

图 4-12　蒸汽湍流耗散率 ε 沿 z 方向的变化　　图 4-13　改进前后湍流耗散率的比较

对于减压阀 B，其在不同相对开度下的速度分布如图 4-14 和图 4-15 所示。与压力场分析类似，以相对开度 20% 为例，讨论蒸汽流动速度的变化。由图 4-15a 可以看出，进、出口管道内的蒸汽流速保持恒定，但套筒、阀芯、阀腔和孔板处的蒸汽流速变化较大。

由图 4-14 和图 4-15 可以看出，在相对开度 20% 下，阀芯处蒸汽速度从 100m/s 增加到 200m/s，而在其他相对开度下，阀芯处蒸汽速度从 100m/s 可增加到约 400m/s。此外，随着相对开度的增大，总流通面积变大，使得蒸汽的绝热膨胀过程变得更加明显，套筒和阀芯处的蒸汽速度梯度变得更大。在所有相对开度下，孔板处的蒸汽速度从 100m/s 增加到 900m/s，这说明相对开度对孔板处的蒸汽速度变化过程几乎没有影响。

3. 节流结构对温度场的影响

蒸汽在发生节流后温度迅速下降，甚至可能出现凝结现象，影响减压阀的正常使用，因此有必要对阀内蒸汽温度进行分析。

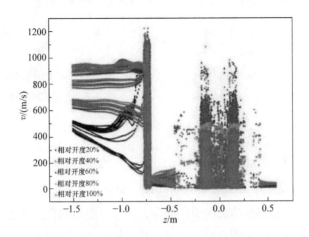

图 4-14　不同相对开度下沿 z 方向的速度分布

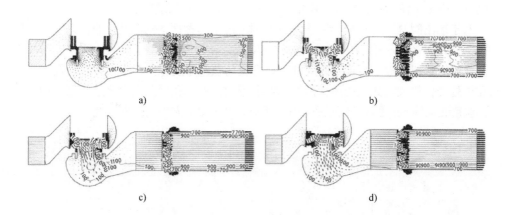

图 4-15　不同相对开度下在对称面上的速度（m/s）分布

a）相对开度 20%　b）相对开度 40%　c）相对开度 60%　d）相对开度 80%

图 4-16 所示为减压阀 A 中相对开度 60% 下模拟蒸汽与饱和蒸汽温度的比较。图中两条曲线之间的差值代表过热度，出口过热度大于入口过热度。结果表明，入口过热度较大，减压阀内不发生冷凝现象。但在孔板附近，存在过热度急剧下降的过程。如果入口的过热度相对较小，则阀门内部可能出现冷凝现象。

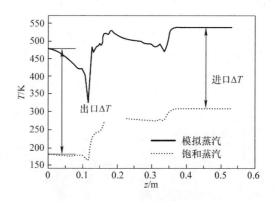

图 4-16　减压阀 A 中相对开度 60% 下模拟蒸汽与饱和蒸汽温度比较

在节流元件中，蒸汽压力降低，密度增加。根据理想气体状态方程，温度变化率大于压力变化率，同样地，温度降低后的最小值也会大于饱和蒸汽温度，因此节流元件（尤其是孔板）处蒸汽的过热度降低。由于整个过程可认为是等熵的，蒸汽进出口温度几乎相等，而出口压力小于进口压力，所以过热度总体上增大。

由于过热蒸汽在释放蒸发焓之前必须要先冷却至饱和温度，所以冷却至饱和温度的热量比饱和蒸汽的蒸发焓要小。因此，尽管过热蒸汽便于在管道中运输，但在工业传热过程中很少使用。在实际应用中，通常在减压阀后设置减温装置。

对于减压阀 B，图 4-17 所示为不同相对开度下对称面上的温度分布。以相对开度 20% 为例，讨论减压阀 B 中蒸汽流动的温度变化过程。从图 4-17a 可以看出，与压力场和速度场相似，进口管道、阀腔和出口管道的蒸汽温度保持恒定，但在套筒、阀芯和孔板处变化较大。如上所述，蒸汽流经节流元件的小孔后，发生绝热膨胀，内能减少，温度相应降低。图 4-18 所示为不同相对开度下沿 z 方向的温度变化。

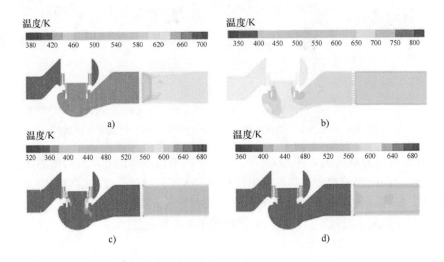

图 4-17　不同相对开度下对称面上的温度分布

a）相对开度 20%　b）相对开度 40%　c）相对开度 60%　d）相对开度 80%

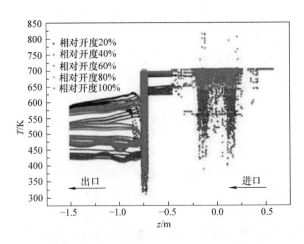

图 4-18　不同相对开度下沿 z 方向温度变化

由图 4-17 和图 4-18 可以看出，在所有相对开度下，蒸汽只在套筒、阀芯和孔板处发生减温过程。随着相对开度的增大，高温区域范围增大，上述绝热膨胀过程更加明显，套筒和阀芯处的蒸汽温度梯度也变得更大。同样地，孔板处的蒸汽温度变化过程不受相对开度的影响。此外，随着相对开度的增大，蒸汽温度梯度最大的位置从阀芯处移动到孔板处。

4.2　套筒式调节阀中漏斗形节流窗口的参数分析

在压水堆核电厂中，高压差套筒式调节阀主要用于二回路系统中进行给水调节，例如本书第 2 章中所介绍的主给水调节阀，其稳定运行对于整个核电站有着重要的作用[7]。本节中的高压差套筒式调节阀的套筒上开有漏斗形的节流窗口。之前的研究表明，这类漏斗形的节流窗口会使调节阀具有接近线性的流量特性[8]。因此，需要研究漏斗形节流窗口的结构参数对阀门流场的影响，以确定漏斗形节流窗口的设计方法，使调节阀具有相对稳定的流场特性。

本节建立了高压差套筒式调节阀的结构模型。在阀门全开的情况下，建立了不同节流窗口宽度、高度和厚度的流道模型，对这些流道模型进行数值模拟，并对结果进行了比较。

4.2.1　研究模型

1. 几何模型

由于本节研究的调节阀主要在高压差工况下使用，湍流程度较剧烈且雷诺数较大，所以选用 RNG $k\text{-}\varepsilon$ 湍流模型来进行计算。

图 4-19 所示为高压差套筒式调节阀的结构模型。高压差套筒式调节阀主要由阀体、阀芯和套筒三部分组成。流体右进左出，自下而上流过阀芯及漏斗形节流窗口后完成流量调节并实现节流功能。进出口管道的内径均设为 550mm，为了避免回流的影响，将进口管道的长度设为 1 倍管道内径（550mm），出口管道的长度设为 4 倍管道内径（2200mm）。套筒内径为 550mm。节流窗口数量为 6 个，环状均匀分布。将节流窗口按离入口的距离依次命名为 1 号窗口，2 号窗口以及 3 号窗口。

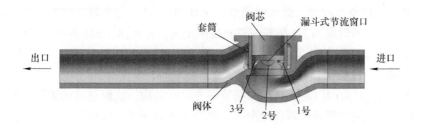

图 4-19　高压差套筒式调节阀的结构模型

图 4-20 所示为漏斗形节流窗口的结构。节流窗口的宽度、高度和厚度分别用 W、H 和 T 来表示（W 表示窗口一半的宽度）。

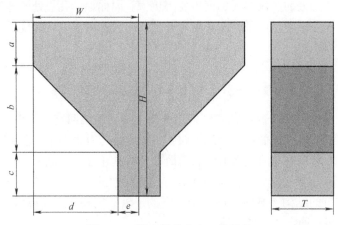

图 4-20　漏斗形节流窗口的结构

a）主视图　b）左视图

图 8-20 中 H 和 W 可以表示为

$$H = a+b+c \tag{4-1}$$

$$W = d+e \tag{4-2}$$

式中，a 是漏斗形窗口宽边段的高度（mm）；b 是斜边段的高度（mm）；c 是窄边段的高度（mm）；d 是斜边段的宽度（mm）；e 是窄边段的宽度（mm）。当窗口高度发生变化时，a 和 c 保持不变，只有 b 发生改变；当窗口宽度发生变化时，e 保持不变，只有 d 发生改变。斜边段的斜度可以用 $\tan\alpha$ 来表示，其表达式为

$$\tan\alpha = b/d \tag{4-3}$$

　　本节研究漏斗形节流窗口结构参数的变化对流场特性的影响，这些参数包括节流窗口的宽度、高度和厚度等。漏斗形节流窗口结构参数设置见表 4-2，一共建立了 13 个节流窗口模型。由表 4-2 可知，节流窗口模型可分为 5 组：第 1 组模型（序号 1）为初始窗口结构，第 2 组模型（序号 2 ~ 5）是变窗口宽度模型，第 3 组模型（序号 6 ~ 9）是变窗口高度模型，第 4 组模型（序号 10 ~ 13）是变窗口厚度模型。窗口初始结构模型斜边的斜度为 1。随着窗口宽度的增大，$\tan\alpha$ 从 1.333 减小到 0.800，斜边斜度不断减小；随着窗口高度的增加，$\tan\alpha$ 从 0.750 增加到 1.250，斜边斜度不断增大。

　　2. 网格划分及数值模拟设置

　　图 4-21a 所示为阀门流道结构。调节阀为对称结构，故流道结构采用一半模型以提高计算效率。绘制网格时将流道分成三部分：入口流道、阀体流道和出口流道。入口流道和出口流道为半圆柱体，采用结构网格进行划分；阀体流道处结构较复杂，节

表 4-2　漏斗形节流窗口结构参数设置

序号	W/mm	H/mm	T/mm	tanα
1	100	160	60	1.000
2	80	160	60	1.333
3	90	160	60	1.143
4	110	160	60	0.889
5	120	160	60	0.800
6	100	140	60	0.750
7	100	150	60	0.875
8	100	170	60	1.125
9	100	180	60	1.250
10	100	160	40	1.000
11	100	160	50	1.000
12	100	160	70	1.000
13	100	160	80	1.000

流窗口形状不规则，采用非结构网格进行划分。整个流道模型网格的最大单元尺寸设置为 50mm。流道网格模型如图 4-21b 所示。在入口流道、出口流道和阀体流道的壁面处增加了 3 层边界层网格，可以更好地展示近壁面流场。为了更好地观察节流窗口附近的流场特性，对节流窗口表面的网格进行了加密处理（最大网格尺寸设置为 25mm）。

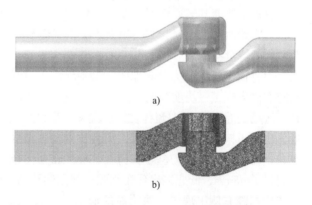

图 4-21　阀门流道结构与网格模型
a）阀门流道结构　b）阀门流道网格模型

在进行数值模拟之前需要进行网格无关性验证（见表 4-3）。本节通过调整网格比例因子的方法来控制模型网格数量，并以出口流量为参考依据来确定合适的网格比例因子。由表 4-3 可知，当网格数量大于 105.41×10^4 时，出口流量稳定在 2406kg/s 附近，故选择对应的网格比例因子 0.38 来划分网格。

调节阀内介质为 250℃的水，其密度为 799kg/m³，黏度为 1.098×10^{-4} Pa·s。根据压水堆核电厂二回路的实际工况，该类阀门的设计压力不大于 12.4MPa，而出口处连接的是蒸汽发生器，压力为 6.8MPa[9]。因此，将入口设置为压力入口，压力为 10MPa；出口设置为压力出口，压力为 6.8MPa。离散化格式选择一阶迎风格式。

表 4-3　网格无关性验证

比例因子	网格数 /10^4	出口流量 / (kg/s)
0.5	49.90	2428
0.48	54.33	2424
0.46	61.89	2427
0.42	81.42	2422
0.41	85.58	2416
0.38	105.41	2406
0.37	113.56	2401
0.35	135.43	2400

4.2.2　节流窗口参数对流场的影响

1. 节流窗口宽度的参数分析

漏斗形节流窗口主要起节流作用，并使调节阀的流量特性接近线性。通过阀芯的上下移动来改变其流通面积，以此达到调节流量的目的。根据之前的研究，套筒的圆柱壁上布置对称的窗口，其面积大小决定了调节阀的流通能力，而其几何形状决定了调节阀的流量特性。

对称面上流体压力分布如图 4-22 所示，压力变化主要集中在节流窗口前后位置。阀腔右侧出现了一块明显的圆形低压区域，正好位于 1 号窗口入口前，压力比周边的高压区域低近 0.5MPa。流体在流出漏斗形窗口后，压力迅速下降。在 3 号窗口出口附近，出现了椭圆形的低压区域，压力比周围区域低近 0.6MPa，最低压力达到 6.2MPa 左右，而出口流道压力基本保持在 6.8MPa。由图 4-23 可以看出，整个流场的最大速度超过了 65m/s，低速区出现在阀腔顶部左侧及阀座底部左侧。与压力分布图相对应，在图中阀腔右侧出现了一块明显的低速区。从流线图上来看，此处形成了一个旋涡，增大了附近流场的湍流程度。最大流速出现在 3 号窗口附近的一块椭圆形的高速区域内。流体从阀体的圆弧形底部向上流动，分成了 3 部分：一部分流体流向圆弧形底部与阀腔连接的台阶处，被阀体阻挡，难以继续向上流动，在此处减速形成低速区域；另一部分流体流入阀腔，流动方向靠近出口侧，因此更容易进入 3 号窗口；其余进入阀腔的流体在流入 1 号窗口前，受到阀腔顶部壁面的阻碍后被迫改变流向向右流动，并在阀腔右侧形成了旋涡区域。当流体流出节流窗口后，流体会沿着窗口后的环形流道汇集到出口流道。对称面左右两侧的流体在 3 号窗口出口处汇集，相互冲击，向阀门出口处流动，形成高速区。由流线图可知，流体并不是沿着出口流道的方向水平流出，而是沿着斜向下的方向前进，在出口流道中形成旋涡。

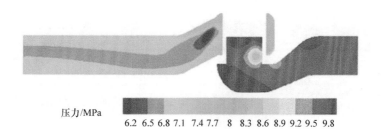

压力/MPa

6.2　6.5　6.8　7.1　7.4　7.7　8　8.3　8.6　8.9　9.2　9.5　9.8

图 4-22　对称面上流体压力分布

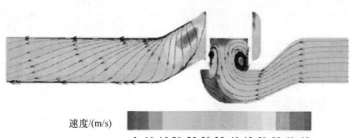

速度/(m/s)

5　10　15　20　25　30　35　40　45　50　55　60　65

图 4-23　对称面上流体速度及流线分布

图 4-24 所示为 $y = 0.12m$ 处阀门流道水平截面上的压力与速度分布。由图 4-24a 可知，随着窗口宽度的增加，阀腔水平截面上的压力分布变化明显，黑色虚线框所标示的低压区域不断扩大。当窗口宽度达到 120mm 时，低压区的面积约占整个半圆形阀腔水平面的 50%。阀腔处水平截面上的压力分布不均匀易导致不平衡力矩的产生，影响阀门的密封性能，甚至出现泄漏失效现象。因此，在设计阀门结构时，应尽量避免阀芯底部不平衡力矩的产生。3 号窗口出口处红色虚线框内以及 1 号和 2 号窗口出口处正对的阀体壁面附近都出现了低压区，并随着窗口的增大而增大。这是由于窗口宽度的增大增加了流道流通面积，使流体更容易流过节流窗口，但窗口的节流效果下降，压力变化区域没有集中在窗口流道进出口附近。同时，阀腔内部低压区增大，增大了不平衡力矩现象发生的概率。

由图 4-24b 可知，随着窗口宽度的增加，窗口流道内流速大于 70m/s 的区域不断减少，尤其是 1 号窗口和 2 号窗口附近；流道出口处低流速区域也不断减小。这是由于随着节流窗口面积增大，节流效果下降，故流体速度难以增大。两个窗口之间的低速区也随着窗口间间距的缩小而减小。3 号窗口流道内的高流区延伸到窗口出口处，呈三角形分布。该流域随着窗口的增大而不断增大，并出现细长带状高速流，沿着出口方向延伸。由流线图可知，流体流出阀腔后向三个窗口分散流动。流体流出窗口之后沿着环形流道外侧流向阀门出口，而在窗口之间的间隙内会产生小旋涡，阀门出口处也会出现零星的旋涡。

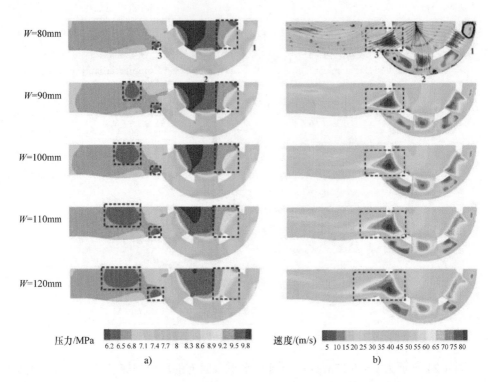

图 4-24 $y = 0.12$m 处阀门流道水平截面上的压力与速度分布

a）压力分布　b）速度分布

2. 节流窗口高度的参数分析

图 4-25 所示为调节阀三个节流窗口中心流道截面的压力与速度分布。如图 4-25a 所示，不同位置的节流窗口压力分布特点各不相同。窗口前低压区的面积随着窗口与阀门入口的距离变大而减小。1 号窗口出口处靠近阀体表面的区域压力出现回升，形成高压区；2 号窗口出口处的压力回升区相对 1 号窗口向上移动，且回升幅度减小；而 3 号窗口出口处上方压力快速下降，形成低压区。随着窗口高度的增加，1 号、2 号和 3 号窗口入口前的低压区不断增大，且 1 号和 2 号窗口前低压区范围扩大至阀门中轴线，3 号窗口出口处的低压区范围也不断扩大。窗口高度增大的同时增大了其流通面积，但削弱了其节流效果，且窗口高度变化也会改变流道垂直方向上的压力分布。节流窗口中心流道截面的速度分布如图 4-25b 所示。1 号窗口的上游区域有明显的旋涡低速区，其内部流道有一段高速区，但随着流体流出窗口后速度快速下降；而 2 号窗口和 3 号窗口的下游区域依然保持较明显的速度提升。最大流速区出现在 3 号窗口之后的流道，并向上扩散。随着窗口高度的增大，速度场的变化并不明显，但 3 号窗口之后的高速区有扩张的趋势。低流速区域主要集中在阀腔顶部及 3 号窗口下的阀体底部。

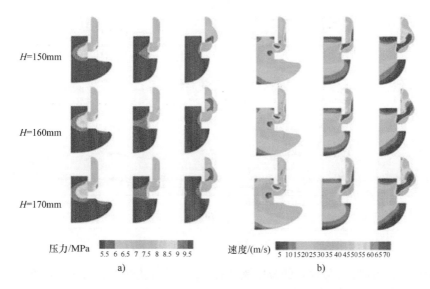

图 4-25　调节阀三个节流窗口中心流道截面的压力与速度分布

a）压力分布　　b）速度分布

图 4-26 和图 4-27 所示分别为阀门三个节流窗口中心流道截面的最小压力和最大速度。从图 4-26 可以看出，三个窗口处的最小压力从大到小分别为 1 号窗口、2 号窗口和 3 号窗口，最小压力可小至 4.85MPa。从图 4-27 可以看出，三个窗口最高速度从大到小分别为 3 号窗口、2 号窗口和 1 号窗口，最大速度可达 97m/s。

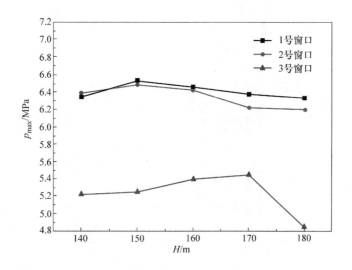

图 4-26　阀门三个节流窗口中心流道截面的最小压力

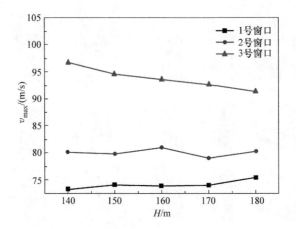

图 4-27　阀门三个节流窗口中心流道截面的最大速度

由此可以看出，3 号窗口的减压效果最好，最小压力值和最大速度值都出现在此窗口处。随着窗口高度的变化，三个窗口最小压力变化并无明显规律；3 号窗口的最大速度逐渐递减，2 号窗口的最大速度基本不变，1 号窗口的最大速度逐渐增大。

3. 节流窗口厚度的参数分析

图 4-28 所示为阀门流道垂直截面的压力与速度分布。由图 4-28a 可以看出，节流窗口的厚度增加对于流场压力分布影响不大。当窗口厚度增大时，窗口上游的低压

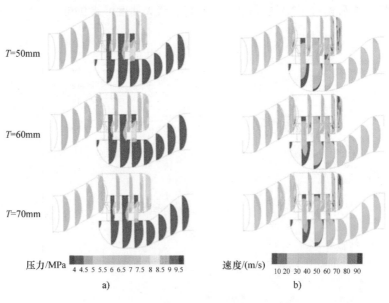

图 4-28　阀门流道垂直截面的压力与速度分布
a）压力分布　b）速度分布

区略有增大；3 号窗口出口处的低压区发生改变，从单个低压区分离成两块圆形低压区。节流窗口厚度的增大并不改变节流窗口的面积，只是增加了流体通过节流窗口的时间，并不会对节流效果产生太大的影响。由图 4-28b 可以看出，类似于压力分布，流场速度分布同样变化不大，低速区域和高速区域产生的位置及范围都基本相似。因此，在一定范围内，窗口厚度对于调节阀流场特性的影响基本可以忽略。

4.3　活塞式阀芯底面不平衡力矩分析

阀芯通过移动来改变流道的流通面积大小和介质流动方向，从而使阀门实现压力控制、方向控制或流量控制等基本功能，是阀门中最重要的部件之一[10]。

活塞式阀芯是一种典型的阀芯结构形式，阀芯在阀腔内做轴向运动，具有加工方便、启动力矩小等优势；但直行程的阀芯普遍会受到流体的轴向合力[11]，阀门入口流道形状的不规则性又使得阀芯底面受到的流体力分布不均匀。因此，在含有活塞式阀芯的阀门中，普遍存在着阀芯底面受到不平衡力矩作用的问题。不平衡力矩的存在导致活塞式阀芯壁面对密封元件产生挤压，影响阀门密封性能，增加驱动能耗，甚至还会引起阀门泄漏失效。因此，探究不平衡力矩的形成机理，以及阀门不同结构参数对不平衡力矩的影响机制，对改善含活塞式阀芯的阀门性能具有重要意义。

4.3.1　研究模型

1. 几何模型

本节以活塞式截止阀为研究对象，将活塞式截止阀简化为异形管＋固定圆板的简化模型[12]，如图 4-29 所示。基于简化模型，本节建立了稳态流场模型，并进行了数值模拟。通过对简化模型内部流场特性、流量特性以及阀芯底面力矩特性的分析，探究了入口流道弯曲半径 R_f、异形管直径 D 和阀芯高度 H 三个特征结构参数对活塞式阀芯底面不平衡力矩的影响机制。

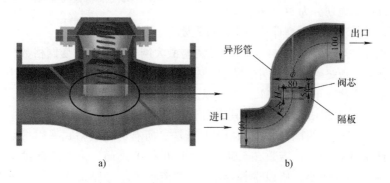

图 4-29　活塞式截止阀和简化模型的结构

a）活塞式截止阀　b）简化模型

本节选取了不同的入口流道弯曲半径 R_f、异形管直径 D 和阀芯高度 H，共涉及 3 组 13 个模型，各个模型的结构参数见表 4-4。

表 4-4　各个模型的结构参数

组别	结构参数				
第 1 组	$D = 120mm$　$H = 20mm$				
	R_f/mm　80	90	100	110	120
第 2 组	$R_f = 100mm$　$H = 20mm$				
	D/mm　110	120	130	140	150
第 3 组	$R_f = 100mm$　$D = 120mm$				
	H/mm　20	30	40	50	60

2. 网格划分及数值模拟设置

图 4-30 所示为活塞式截止阀简化模型流道的网格划分，其结构参数分别为：$R_f = 100mm$，$D = 120mm$ 和 $H = 20mm$。由于结构复杂，模型整体采用非结构网格进行划分。另外，为了提高计算精度，在壁面附近设置了三层边界层网格。为了获得阀芯底面附近各个方向的流量数据，在阀芯和隔板之间建立一个环面，并均分为 20 个部分。为了避免新建环面对阀内流动产生影响，将上述 20 个部分的边界条件设置为 interior。为得到阀芯底面附近各个方向上流量与阀芯底面力矩之间的关系，阀芯底面也相应地划分为 20 个部分。

图 4-30　活塞式截止阀简化模型流道的
网格划分

为保证计算精度，提高计算效率，首先要进行网格独立性验证（见图 4-31）。通过调整最大网格尺寸来改变网格数量，并以出口流量为参考，最终确定最大网格尺寸。如图 4-31 所示，当最大网格尺寸小于 3.6mm 时，出口流量变化率不超过 0.1%，则可以认为计算结果不受网格数的影响。因此，选择 3.6mm 作为最大网格尺寸，并将其应用于其他结构参数模型中。

本节压力与速度的耦合采用 SIMPLE 算法，所有的离散格式采用二阶迎风离散格式。在此次模拟中，雷诺数在 $8.00 \times 10^4 \sim 1.60 \times 10^6$ 之间。由于流动过程是完全湍流的，且涡流程度较小，所以选择标准 $k\text{-}\varepsilon$ 湍流模型。边界条件设置为压力入口和压力出口，其余表面均为无滑移壁面。入口压力设定为 0.25MPa，出口压力设定为 0.1MPa。

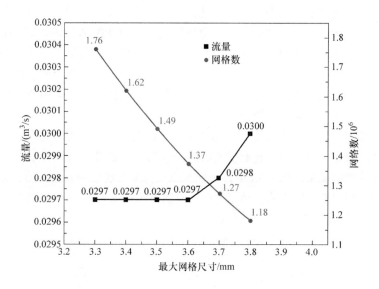

图 4-31　网格独立性验证

4.3.2　结构参数对阀芯底面不平衡力矩的影响

1. 入口流道弯曲半径的影响

阀芯底面不平衡力矩主要是由入口流道的形状不规则造成的，而入口流道的弯曲半径 R_f 会对阀芯底面附近的流动形式、涡流和湍流程度产生明显的影响。图 4-32 所示为不同 R_f 下简化模型在对称面上的流动速度和流线分布。由图 4-32 可以看出，阀芯底面中心处的速度最小，且速度沿半径方向逐渐增大，在阀芯最外侧达到最大值。阀芯底面中心附近的速度相对较低，在 4m/s 以内，可将这一区域称为低速区。低速

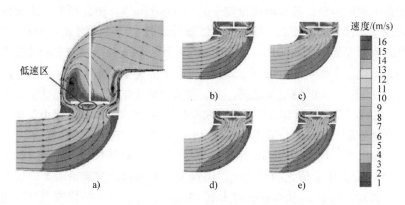

图 4-32　不同 R_f 下简化模型在对称面上的流动速度和流线分布

a）$R_f = 80mm$　b）$R_f = 90mm$　c）$R_f = 100mm$　d）$R_f = 110mm$　e）$R_f = 120mm$

区内流线方向与阀芯底面的夹角大于其他区域，这意味着该区域流体对阀芯底面的冲击作用较大，阀芯底面受到的轴向压力也就较大。图中低速区左侧的流体由靠近入口一侧流出，而右侧的流体由靠近出口一侧流出。出口侧流量明显大于入口侧流量，表明出口侧的阀芯底面受流体冲击作用更为显著，这一侧的底面压力也就较大。随着 R_f 逐渐增大，阀芯底面附近的流体分布逐渐变得均匀，低速区也逐渐向阀芯底面中心处移动，阀芯底面压力不均匀现象得以改善。

　　在不规则入口流道的影响下，流体冲击阀芯底面后，经由阀芯与异形管之间的空隙流出阀芯。流量越大，阀芯底面受到的冲击也越大。如图 4-33 所示，出口侧的流量显著大于入口侧的流量。图 4-33 中，坐标系原点为阀芯底面中心点，出口方向为 x 轴正方向，垂直阀芯底面向上为 y 轴正方向，垂直对称面向外为 z 轴正方向。

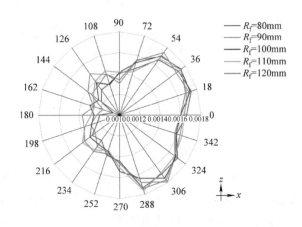

图 4-33　阀芯底面附近各个方向的流量（m³/s）分布

　　由图 4-33 可得，在 x 轴正半轴，各方向的流量基本保持在 0.0016 ~ 0.0018m³/s 范围内，而在 x 轴负半轴，各方向流量均未超过 0.0015m³/s。由此可见，流量分布不均衡主要表现在 x 轴方向，而在 z 轴方向，流量分布较为均衡。当 R_f = 80mm 时，x 轴正方向上的流量大部分在 0.0016 ~ 0.0018m³/s 之间，而 x 轴负方向上的流量则基本在 0.0014m³/s 以内。当 R_f = 120mm 时，x 轴正方向上的流量分布与 R_f = 80mm 时基本一致，保持在 0.0016 ~ 0.0018m³/s 之间。而 x 轴负方向上的流量明显增大，在 0.0013 ~ 0.0015m³/s 之间。因此，随着入口流道弯曲半径 R_f 的增大，流量分布不平衡程度也略有降低，流量分布折线图中心呈向阀芯底面中心处移动的趋势。

　　表 4-5 列出了不同 R_f 所对应的阀芯底面最大压力及其位置。由表 4-5 可知，随着 R_f 的增大，最大压力值无明显变化，但最大压力出现的位置沿着 x 轴逐渐向阀芯底面中心处移动。随着 R_f 从 80mm 增大到 120mm，最大压力的位置也从距离中心点 0.00588m 处移至 0.00360m 处，这与上述流量分布的变化也基本一致。

表 4-5　不同 R_f 所对应的阀芯底面最大压力及其位置

R_f /mm	最大压力 /MPa	坐标（x/m, z/m）	与中心点距离 /m
80	0.250	（0.00588, 0）	0.00588
90	0.250	（0.00516, 0.00159）	0.00540
100	0.250	（0.00448, 0）	0.00448
110	0.249	（0.00319, −0.00228）	0.00392
120	0.249	（0.00106, 0.0045）	0.00360

综上所述，随着 R_f 的增大，阀芯底面附近的低速区逐渐向阀芯底部中心移动，流量分布的不均匀程度得以改善，最大压力出现的位置也逐渐靠近阀芯底面中心点。阀芯底面受到的合力矩 M 随着 R_f 的增大逐渐减小，如图 4-34 所示。在 $R_f = 80 \sim 120\text{mm}$ 范围内，合力矩 M 大小与 R_f 之间存在明显的线性关系。利用得到的数据拟合出的合力矩 M 与 R_f 之间的关系式如下：

$$M = 0.538 - 0.00360 R_f \tag{4-4}$$

如图 4-34 所示，所有数据点都分布在截距 b（1 ± 3%）范围内，这说明式（4-4）很好地描述了合力矩 M 与 R_f 之间的关系。

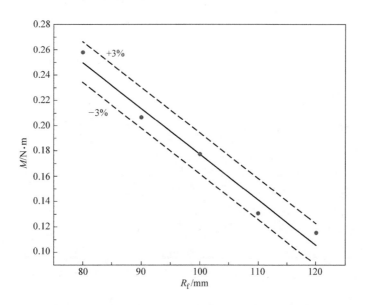

图 4-34　阀芯底面合力矩 M 与 R_f 之间的特性关系

2. 异形管直径的影响

图 4-35 显示了阀芯底面的流体速度与流线分布。从该图中可以直观地看到低速区在阀芯底面的位置。流体在速度小于 1m/s 的区域内冲击阀芯后，向四周流出，且

速度不断增大。如图 4-36 所示，流量越大的部分，对阀芯底面中心的力矩也越大。与流量分布情况相似，力矩分布的不平衡主要表现为沿 x 轴分布不均衡。在 x 轴正方向，即靠近出口方向的一侧，力矩明显大于另一侧。而沿 z 轴方向，流量和力矩大小基本都是对称分布。

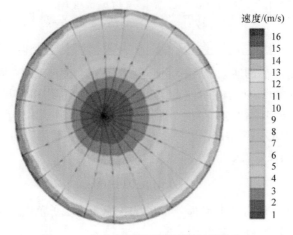

图 4-35　阀芯底面的流体速度与流线分布

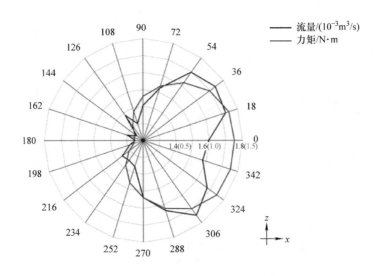

图 4-36　阀芯底面附近各个方向的流量和力矩分布

　　不同异形管直径 D 对应的出口流量和阀芯底面（在 x 方向和 z 方向上）的力矩见表 4-6。与 z 方向上的力矩相比，阀芯底面在 x 方向上的力矩较小，变化率也相对较小，且无明确的变化规律。异形管直径 D 的变化对阀芯底面上游流体流动的影响较小，对阀体内部流动的影响主要表现为对流量的影响。随着异形管直径 D 的增加，出口流量相应增大，故阀芯底面在 z 方向上的合力矩也随之增大。当异形管直径从 $D = 110$mm 变化为 $D = 150$mm 时，流量的变化率为 12.6%，在 z 方向上的力矩从 0.124N·m 增大至 0.253N·m。

表 4-6　不同异形管直径 D 对应的出口流量和阀芯底面的力矩

D/mm	流量 / (m³/s)	力矩（x方向）/N·m	力矩（z方向）/N·m
110	0.0278	0.0223	0.124
120	0.0297	0.00290	0.177
130	0.0307	0.00519	0.198
140	0.0311	0.0210	0.228
150	0.0313	−0.00901	0.253

3. 阀芯高度的影响

不同的阀芯高度 H 代表了不同的阀门开度，而阀门开度又决定了流量的大小。随着 H 的增加，流量发生变化，阀芯底面的压力分布也随之改变。假设每个节点的面积为 1×10^{-6} m²，根据节点处的压力和位置信息，便可以得到每个节点关于阀芯底面中心的力矩大小。图 4-37 所示为阀芯底面的力矩分布。在阀芯底面中心附近，由于力臂较

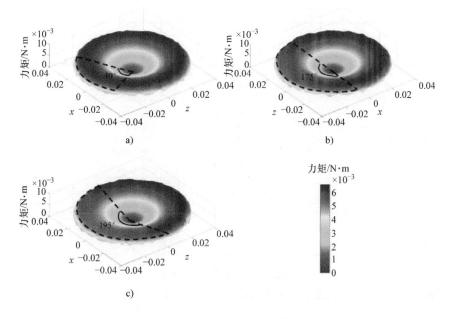

图 4-37　阀芯底面的力矩分布

a）$H = 20$mm　b）$H = 40$mm　c）$H = 60$mm

小，故半径为 0.01m 范围内的点对阀芯底部中心的力矩也相对较小，而半径在 0.02～0.03m 之间的力矩达到最大值。比较图 4-37a、b 和 c 可知，随着 H 的增加，力矩分布的不平衡现象愈加明显。如图 4-37 所示，虚线框形成的扇形区域内力矩值均小于 $6.40 \times 10^{-3} N \cdot m$。当 $H = 20mm$ 时，扇形区的角度约为 40°；当 $H = 40mm$ 时，扇形区的角度约为 175°；$H = 60mm$ 时，扇形区角度约为 195°。扇形区域总是位于 x 轴负半轴上，这意味着 x 轴正半轴的力矩明显大于 x 轴负半轴的力矩，这就使得阀芯有绕 z 轴转动的趋势。在实际的阀门结构中，这种趋势会导致阀芯对周围密封元件产生挤压，从而影响阀门性能。

不同阀芯高度 H 对应的出口流量与阀芯底面的合力矩见表 4-7。随着 H 的增加，阀门开度不断增大，出口流量也随之增加，从而导致阀芯底面受到的不平衡力矩也增大。H 是出口流量大小的决定性因素。随着 H 从 15mm 增加到 70mm，出口流量显著变化，变化率为 34.5%；阀芯底面的合力矩也大幅增长，从 0.0551N·m 变化为 1.22N·m。

表 4-7　不同阀芯高度 H 对应的出口流量与阀芯底面的合力矩

H/mm	流量 /（m^3/s）	合力矩 /N·m
15	0.0267	0.0551
20	0.0297	0.178
25	0.0316	0.226
30	0.0333	0.301
35	0.0343	0.301
40	0.0349	0.495
45	0.0353	0.612
50	0.0355	0.713
55	0.0356	0.826
60	0.0357	0.910
65	0.0358	1.08
70	0.0359	1.22

由表 4-7 可以看出，力矩与流量之间存在一定的非线性关系。假设流量为自变量 x，力矩为因变量 y，并假设 y 与 x 之间的关系如式（4-5）所示：

$$y = a - b\exp\left(-cx^d\right) \tag{4-5}$$

利用已有数据，基于不同优化算法进行非线性公式拟合，拟合结果见表 4-8。由表 4-8 可以看出，通用全局优化算法（UGO）得到的公式，均方根误差（RMSE）与残差平方和（SSE）相对较小，并且相关系数（R）最大。结合以上三个因素，选择通用全局算法（UGO）得到的公式作为最优解。因此，力矩和流量之间的关系如式（4-6）所示：

$$y = 0.176 + 1.14 \cdot ^{-4} \exp\left(1.99^8 x^{5.08}\right)$$ （4-6）

表 4-8　不同优化算法的拟合结果

优化算法	RMSE	SSE	R	a	b	c	d
UGO	0.0558	0.0373	0.988	0.176	−1.14E-4	−1.99E8	5.08
BFGS	0.0564	0.0382	0.987	0.178	−3.64E-5	−3.24E7	4.50
SM	0.0516	0.0319	0.979	0.171	−6.48E-3	−1.48E14	9.32

图 4-38 所示为基于式（4-6）的力矩随流量的变化情况。由图 4-38 可以看出，力矩随流量的变化情况大致可分为三个阶段。第一阶段为稳定不变阶段，流量范围为 $0 \sim 0.030 m^3/s$。在这一阶段，由于 x^d 项前的系数 c 较小，故 x 对 y 的影响较小，函数关系中的常数项起主导作用，使得 y 值变化不明显。第二阶段为稳定增长阶段，流量范围为 $0.030 \sim 0.035 m^3/s$，此时 x^d 达到一定值，指数项开始对 y 值产生可见影响。第三阶段为指数增长阶段，流量大于 $0.035 m^3/s$，当 x 达到足够大值时，x 与 y 的函数关系中，指数项起主导作用，y 随 x 的变化呈指数增长。因此，在实际应用中，应尽量使得流量保持在 $0 \sim 0.030 m^3/s$ 范围内，并避免流量超过 $0.035 m^3/s$。

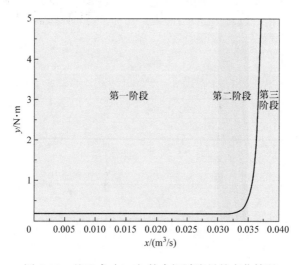

图 4-38　基于式（4-6）的力矩随流量的变化情况

参考文献

[1] 韩宁.应用 Fluent 研究阀门内部流场 [D]. 武汉：武汉大学，2005.

[2] 李金龙，胡志勇，郭艳坤.基于 AMESim 的减压阀建模与仿真分析 [J]. 机械工程与自动化，2017（4）：75-76.

[3] 徐丽，王雯，傅卫平，等.调节阀 - 输流管道系统传递矩阵建模与分析 [J]. 机械科学与技术，2020，39（01）：74-82.

[4] 张伟福，叶勇，王冬林，等.截止阀产品及监造质量控制 [J]. 设备监理，2018（4）：42-44.

[5] 蔡文龙，周艳，贾首星，等.基于 AMESim 的减压阀建模与仿真分析 [J]. 液压气动与密封，2020，40（2）：23-26.

[6] 陆培文.实用阀门设计手册 [M]. 北京：机械工业出版社，2012.

[7] 周晓明，王浩，金泽，等.核电站稳压器压力控制阀内漏分析及处理 [J]. 设备管理与维修，2018（20）：75-76.

[8] 薛文斌.浅谈套筒的设计方法 [J]. 炼油化工自动化，1993（5）：55-60.

[9] 宋辉.ACP1000 核电站主给水调节阀的研制 [J]. 阀门，2018（1）：1-3.

[10] 马玉山，相海军，傅卫平，等.调节阀阀芯变开度振动分析 [J]. 仪器仪表学报，2007（6）：1087-1092.

[11] 马玉山，傅卫平，相海军，等.调节阀运动阀芯动态不平衡力分析 [J]. 西安理工大学学报，2009，25（2）：212-216.

[12] 邓君.活塞式调节阀流场特性分析与结构优化 [D]. 株洲：湖南工业大学，2015.

第 5 章

特种阀门空化分析

空化是指流体在流动中因压力降低至饱和蒸汽压以下，部分液体发生汽化产生空化泡并随后因压力回升而溃灭的现象。特种阀门节流处压力变化较大，因而常常发生空化现象[1-3]，尤其在高压差工况下。由于空化泡溃灭时会释放出巨大的脉冲压力冲击节流区域的表面[4]，若特种阀门在使用过程中于内节流处出现空化现象，不仅会导致阀门结构损坏，还可能会造成下游管配系统的失效[5]。本章以一种典型调节阀和心脏瓣阀为例，详细介绍了特种阀门空化问题的分析方法。

5.1 典型调节阀空化分析

流体在流经调节阀内阀芯与阀座间的节流区域时，流速增大，压力降低，极易发生空化现象。长时间的空化流动，不仅会引起管路系统能量的损耗，而且易造成阀门及管路系统的失效[6]；同时，调节阀内空化气泡的破灭也会引发巨大的噪声[7]。因此，对调节阀内的空化现象进行研究具有重要意义。

本节采用多相流空化模型来预测调节阀内的空化现象，分析了典型调节阀内三个主要的结构参数，即弯曲半径 R、偏心距 H 及圆弧半径 r 对空化强度及空化范围的影响。本研究工作对调节阀内空化的控制及调节阀的优化设计具有重要意义。

5.1.1 研究模型

1. 几何模型

本节所研究的典型调节阀的结构如图 5-1 所示。选择全开和半开条件下的调节阀作为研究对象，为了提高计算效率，建立了一半模型。选择调节阀阀体的三个关键结构参数：阀体弯曲半径 R、偏心距离 H 及圆弧半径 r 进行研究。图 5-2 所示为在选取不同大小的结构参数值时每个参数所对应的部位。

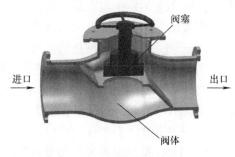

图 5-1 典型调节阀的结构

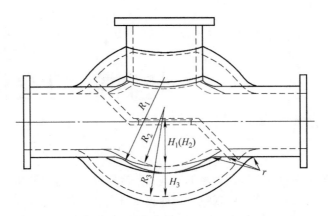

图 5-2　选取不同大小的结构参数值时每个参数所对应的部位

2. 网格划分及数值模拟设置

本节采用混合网格对计算区域进行网格划分，调节阀内流道部分为非结构网格，连接管路部分为结构化网格。计算区域的网格划分如图 5-3 所示。

为保证计算精度，还应进行网格独立性验证。由于压力分布与空化的发生直接相关，因此可通过计算不同网格数

图 5-3　计算区域的网格划分

量下调节阀半开时喉部中面的压力分布来进行网格独立性验证。阀门喉部中面的压力分布如图 5-4 所示。由图 5-4 可见，当网格数分别为 754085 和 1731746 时，在不同入口速度条件的压力分布极为相似，因此本节采用网格数量为 754085 的离散模型进行数值计算。此外，本节采用 Stern 等人[8] 推荐的模型验证过程及 Colombo 等人[9] 提出的弱验证方法来验证数值方法的可靠性。同时，采用 Nastase 等人[10] 研究的相似结构的调节阀作为对比验证对象，并计算了该结构的阻力系数。基于上述验证方法，三种不同网格数量对应的阻力系数见表 5-1。采用中等数量网格时，网格收敛系数 R_G 为 0.33，精度阶次 P_G 为 3.17，校正系数 C_G 为 2，网格不确定度 U_G 为 3%。由于实验不确定度大于 0，因此生成网格的方法是可靠的。此外，当入口速度增加到 10m/s 时，空化产生的气体主要集中于阀座及连接下游管路区域，这种现象与 Palau-Salvadord 等人[11] 的研究结论是相似的。因此，本节建立的数值模型及方法是可靠的，在不同的结构参数条件下，最终的网格总数量介于 $7 \times 10^5 \sim 1.4 \times 10^6$ 之间。

本节采用速度入口和压力出口边界条件，出口压力设为标准大气压力，操作压力设为 0。同时，壁面边界采用无滑移壁面函数方法。在求解离散方程时，采用 SIMPLE 算法和二阶迎风离散格式。水的饱和蒸汽压设为 2339Pa，调节阀进出口气体体积分数均设为 0。

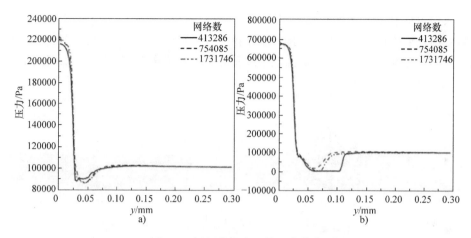

图 5-4   阀门喉部中面的压力分布

a）入口速度 5m/s   b）入口速度 10m/s

表 5-1   三种不同网格数量对应的阻力系数

网格数	418475	783046	1246722	参考文献 [10]
ξ	9.15	9.09	9.07	9.11

5.1.2   弯曲半径及偏心距离对空化的影响

为了对目标参数进行系统的研究，弯曲半径值分别设为 60mm、70mm、80mm、90mm、100mm、110mm 和 120mm，偏心距离分别设为 40mm、45mm、50mm 和 60mm，连接进出口区域的圆弧半径设为 20mm。

1. 弯曲半径及偏心距离对流场分布的影响规律

偏心距离为 40mm、入口速度为 10m/s 时，不同弯曲半径条件下的速度和压力分布如图 5-5 所示。由图 5-5 可见，当弯曲半径为 60mm 时，阀门喉部出现大面积的高速低压区。在同样的偏心距离下，随着弯曲半径的增加，阀门喉部的高速低压区范围减小。由于流体对阀门壁面的冲击以及在阀门底部处的转向，阀门底部右侧出现旋涡和高压区。当流体到达阀芯底部时，流体的大部分动能转化为势能，因此在阀芯部位也出现了高压区。虽然阀门进口区域流通面积减小，但是随着弯曲半径的增加，整体流通面积增加，阀体内的流体流速逐渐减小。进一步地，阀门喉部区域周围的流体流速变得更小，并且流经阀芯和阀座间隙时，其流向趋向于阀门出口方向，这种现象同时出现在图 5-5a、b、c 中。此外，如图 5-5b、d、f 所示，随着弯曲半径的增加，阀后的速度分布更加均匀，低压区范围逐渐缩小。

弯曲半径为 80mm、入口流速为 10m/s 时，不同偏心距离条件下的速度和压力分布如图 5-6 所示。随着偏心距离的增加，阀门底部右侧的旋涡范围逐渐缩小并且向着阀门入口方向移动，如图 5-5c 和图 5-6a、c 所示。同时，阀门进口区域的流通面积也随着偏心距离的增大而增大，最大流速和阀门喉部后的高流速区域逐渐减小，但是流速的分布变得更加均匀。阀后的低压区和最大压力随着偏心距离的增加而减小，如图 5-5d 和图 5-6b、d 所示。

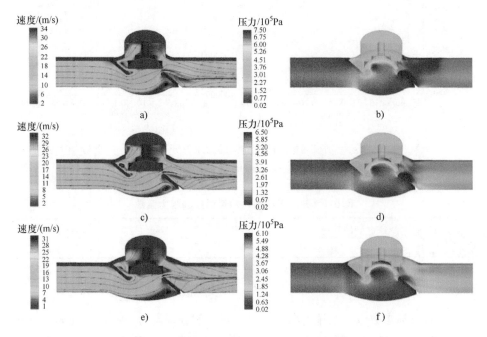

图 5-5　不同弯曲半径条件下的速度和压力分布

a）、b）$R = 60\text{mm}$　c）、d）$R = 80\text{mm}$　e）、f）$R = 120\text{mm}$

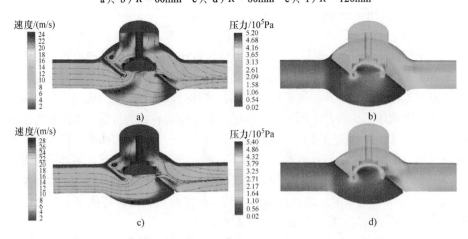

图 5-6　不同偏心距离条件下的速度和压力分布

a）、b）$H = 60\text{mm}$　c）、d）$H = 50\text{mm}$

2. 弯曲半径及偏心距离对空化分布的影响规律

通常情况下，当单个计算单元内的气体体积分数高于 50% 时，空化就会对阀体造成严重的破坏。图 5-7 和图 5-8 所示分别为不同弯曲半径和不同偏心距离条件下，调节阀半开时的空化分布。

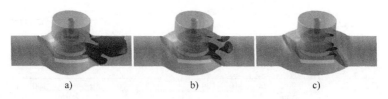

图 5-7　调节阀半开时的空化分布（$H = 40\text{mm}$）

a）$R = 60\text{mm}$　b）$R = 80\text{mm}$　c）$R = 120\text{mm}$

在两组不同结构参数下，调节阀内的空化气体分布完全不同。从先前的压力分析中可以推测，气体主要出现在阀门喉部周围，并且在较小的弯曲半径和偏心距离下，气体主要集中在下游连接管路周围，如图 5-7 中所示。结合图 5-8 可以发现，随着弯曲半径的增加，阀内空化范围逐渐缩小，并且出口管路附近

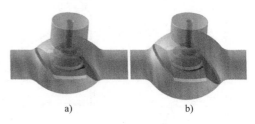

图 5-8　调节阀半开时的空化分布（$R = 80\text{mm}$）

a）$H = 50\text{mm}$　b）$H = 60\text{mm}$

空化气体消失；随着偏心距离的增加，空化发生区域主要集中在阀座周围，这与压力分布所展现出的结果一致。从预测空化的角度分析，较大的弯曲半径和偏心距离可以有效减少调节阀内的空化气体体积，从而保护阀体及管路安全。

为了评估空化发生的可能性，采用空化指数 σ_v 作为评估参数，其计算公式如下：

$$\sigma_v = \frac{p_u - p_v}{p_u - p_d} \tag{5-1}$$

式中，p_u 是入口压力；p_v 是饱和蒸汽压；p_d 是出口压力。σ_v 越接近 1，空化发生的可能性越高。

空化发生时调节阀内的总气体体积 V_v 可采用下式进行计算：

$$V_v = \iiint_\Omega \alpha \mathrm{d}V \tag{5-2}$$

式中，α 是计算单元内的气相体积分数；Ω 是整个计算域。

不同弯曲半径和偏心距离条件下，调节阀半开时的空化指数如图 5-9 所示，调节阀全开时的空化指数（入口速度 10m/s）如图 5-10 所示。当弯曲半径和偏心距离较小时，空化指数达到最大值，这与由图 5-7 和图 5-8 所得出的结论是一致的。入口速度为 5m/s 时，调节阀半开时阀内的总气体体积如图 5-11 所示。

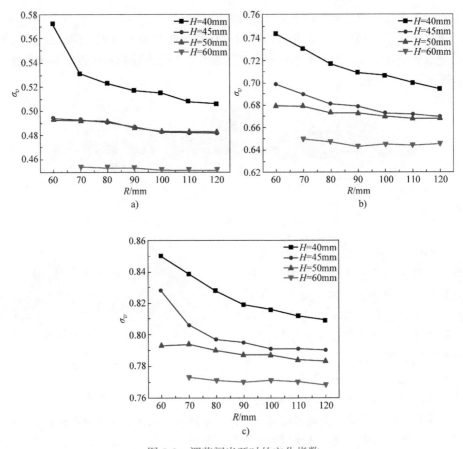

图 5-9　调节阀半开时的空化指数

a）入口速度 5m/s　　b）入口速度 7.5m/s　　c）入口速度 10m/s

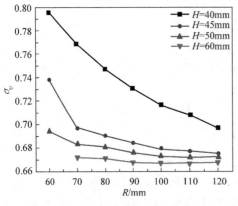

图 5-10　调节阀全开时的空化指数

（入口速度 10m/s）

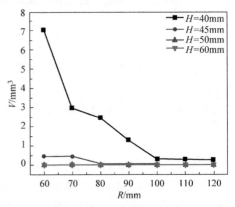

图 5-11　调节阀半开时阀内的总气体体积

（入口速度 5m/s）

当空化指数低于 0.5 时，空化不会发生。因此，由图 5-11 可以看出，无论调节阀半开或全开，当偏心距离大于 45mm，入口流速低于 5m/s 时，空化都不会发生。当入口流速高于 7.5m/s 时，随着弯曲半径增加，空化强度逐渐减弱。但是当偏心距离小于 60mm 时，空化强度随弯曲半径增加的变化量逐渐变小；在较大的偏心距离下，空化强度几乎保持不变。另外，随着偏心距离的增加，空化强度随之逐渐减弱。总而言之，较大的弯曲半径和偏心距离可有效缓解调节阀内的空化效应。

5.1.3　圆弧半径对空化的影响

为了研究连接进出口区域的圆弧半径对空化的影响，设置调节阀处于半开状态。圆弧半径分别设置为 20mm、40mm、60mm、80mm 和 100mm。

1. 圆弧半径对流场分布的影响规律

入口速度为 10m/s 时，不同圆弧半径条件下的速度和压力分布如图 5-12、图 5-13 所示。由图 5-12a、c、e 和图 5-13a、c、e 可见，在阀门底部右侧区域出现一个不受弯曲半径影响的旋涡，其面积随着圆弧半径的减小而减小，但位置几乎保持不变。圆弧半径变化会影响调节阀内流道的结构，进而影响阀内流体的速度分布。圆弧半径越大，调节阀内流道越平滑，阀内流体速度分布更均匀，最大速度也越小。但圆弧半径对阀内流体的压力分布影响较小，如图 5-12b、d、f 和图 5-13b、d、f 所示。当弯曲半径较小时，阀内最大压力和低压区随着圆弧半径的增加而减小；弯曲半径较大时，最大压力随圆弧半径的变化是无序的，但是最大压力的变化量较小。

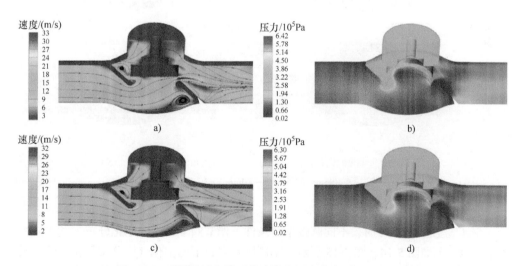

图 5-12　不同圆弧条件下的速度和压力分布（R = 80mm）

a）、b）r = 40mm　　c）、d）r = 80mm

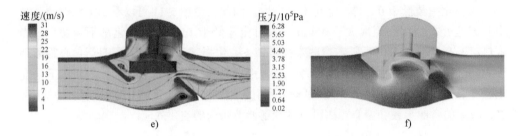

图 5-12　不同圆弧条件下的速度和压力分布（$R = 80\text{mm}$）（续）

e）、f）$r = 100\text{mm}$

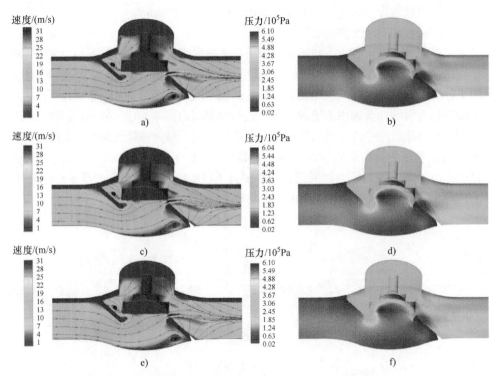

图 5-13　不同圆弧曲率条件下的速度和压力分布（$R = 100\text{mm}$）

a）、b）$r = 40\text{mm}$　c）、d）$r = 80\text{mm}$　e）、f）$r = 100\text{mm}$

2. 圆弧半径对空化分布的影响规律

入口速度为 10m/s 时，不同圆弧半径条件下调节阀半开时的空化分布（气体体积分数 >50%）如图 5-14、图 5-15 所示。不同圆弧半径下的空化气体分布是相似的。当弯曲半径较小时，空化区域主要集中于阀门喉部节流处的下游区域，且空化范围随着圆弧半径的增加而减小；当弯曲半径较大时，空化范围基本不受圆弧半径的影响。从预测空化的角度分析，较大的圆弧半径可有效缓解调节阀内的空化现象。

图 5-14　调节阀半开时的空化分布（气体体积分数 >50%，$R = 80\text{mm}$）

a）$r = 40\text{mm}$　b）$r = 80\text{mm}$　c）$r = 100\text{mm}$

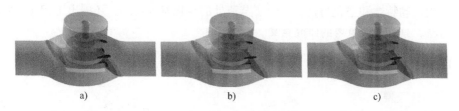

图 5-15　调节阀半开时的空化分布（气体体积分数 >50%，$R = 100\text{mm}$）

a）$r = 40\text{mm}$　b）$r = 80\text{mm}$　c）$r = 100\text{mm}$

入口速度为 10m/s 时，不同弯曲半径和圆弧半径条件下调节阀半开时的空化指数如图 5-16 所示。总体上，空化强度随着弯曲半径的增大而减弱。当弯曲半径较小时，空化强度受圆弧半径的影响更为显著，且随着圆弧半径增加，空化强度呈现减弱的趋势。当弯曲半径和圆弧半径都较大时，空化强度几乎保持不变。总而言之，较大的圆弧半径可有效抑制空化。

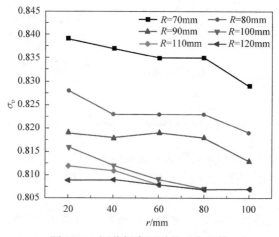

图 5-16　调节阀半开时的空化指数

5.2　心脏瓣阀空化分析

心脏瓣阀是一种应用于医药领域的旋转运动止回阀，主要通过阀瓣的定轴转动实现对心房和心室之间血液流向的控制。据统计，在人工心脏瓣膜领域，我国每年的瓣膜手术占心脏相关手术的 30%，使用的心脏瓣阀约 75000 个[12]，用来保证血液在两侧心房和心室压力的变化下能够单向流动。研究指出，心脏瓣阀虽然比生物瓣的使用寿命更长，但在使用过程中会由于空化现象[13]，导致血细胞和血小板的损伤，并增加血栓栓塞发生的概率[14]。影响阀门发生空化和空化强度的变量主要包括阀门的运行条件、阀门的安装方式与阀门自身的结构等。本节基于被动型动网格方法，通过对阀门关闭瞬间的自身运动情况和阀内流体流动的监测，分析了心脏瓣阀节流处在周期启闭过程中的流动特性和空化特性，讨论了节流处的空化发生机理，还提出了相应的空化抑制方法，具有十分重要的研究意义。

5.2.1　研究模型

1. 几何模型

本节研究的心脏瓣阀是一种双阀瓣止回阀。心脏瓣阀主要由阀壳和两个阀瓣构成，阀瓣通过枢轴与阀壳连接，在流体的作用下阀瓣可以绕轴自 25° 旋转至85°，其结构如图 5-17 所示。心脏瓣阀的材料密度为 2116kg/m³，内径为 22.3mm，连接的上游管段直径为 25mm，长度为16.5mm，连接的下游管段长度为 50mm。

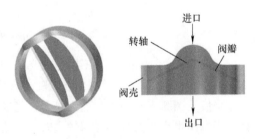

图 5-17　心脏瓣阀的结构

心脏瓣阀下游流道结构根据主动脉窦结构进行建模，其截面为外旋轮线，方程表示如下：

$$x = (a+b)\cos\alpha - \lambda b\cos\left(\frac{a+b}{b}\alpha\right) \tag{5-3}$$

$$y = (a+b)\sin\alpha - \lambda b\sin\left(\frac{a+b}{b}\alpha\right) \tag{5-4}$$

式中，x、y 是截面坐标；a 和 b 是构成外旋轮线的固定圆半径和做旋转运动的小圆半径；α 是动圆圆心和定圆圆心连线与 x 轴的夹角；$\lambda = l/b$，l 是动圆外（内）一点到动圆圆心的距离。

含心脏瓣阀的流道结构如图 5-18 所示。根据 Reul 等人[15] 的实际测量结果，对于正常心脏瓣膜下游的主动脉窦，满足 $a/b = 3$，且 λ 的值为 0.5。

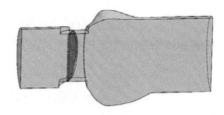

图 5-18　含心脏瓣阀的流道结构

2. 网格划分及数值模拟设置

含心脏瓣阀的流道的网格划分如图 5-19
所示，其中网格采用混合网格的划分方式并以
界面方式（interface）进行连接，从而将网格
重构区域限制在心脏瓣阀附近。同时，考虑到
计算量的大小和结果的准确性，流道进出口选
用尺寸较大的网格，心脏瓣阀附近采用尺寸较
小的网格，对阀瓣壁面附近的网格进行加密处理。

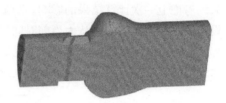

图 5-19　含心脏瓣阀的流道网格划分

在阀内流体流动的瞬态数值分析中，阀内件的运动速度可以通过用户自定义函数
（user defined functions，简称 UDF）指定。若阀内件的运动速度大小已知，则求解阀
内件运动下阀内流动特性的方法称为主动型动网格方法；若阀内件的运动速度与自身
所受的液体力有关，即阀内件的运动速度大小未知，则相应的求解方法称为被动型动
网格方法。本节中应用被动型动网格方法。对于心脏瓣阀中的每一个阀瓣，其做定轴
转动时的转动惯量 I 可表示为

$$I = \iiint_V \mathrm{d}r^2 \rho_{\mathrm{val}} \mathrm{d}V \tag{5-5}$$

式中，$\mathrm{d}r$ 是单位体积与转轴之间的距离（m）；ρ_{val} 是阀瓣的密度（kg/m³）。阀瓣在液
体力的作用下受到的力矩 M 可以用下式进行计算：

$$M = \sum_{j=1}^{n} p_j \boldsymbol{n}_j A_j \mathrm{d}r_j \tag{5-6}$$

式中，n 是阀瓣壁面上的离散面的数量；p_j 是作用在第 j 个面上的压力（Pa）；$\boldsymbol{n}_j$ 是压
力的方向向量；A_j 是第 j 个面的面积（m²）；$\mathrm{d}r_j$ 是第 j 个面与转轴之间的距离（m）。

阀瓣运动的角加速度 $\ddot{\theta}$ 可以表示为

$$\ddot{\theta} = M / I \tag{5-7}$$

当计算的时间步长 Δt 很小时，在 $t + \Delta t$ 时刻阀瓣运动的角速度 $\dot{\theta}$ 为

$$\dot{\theta}_{i+1} = \dot{\theta}_i + \ddot{\theta} \Delta t \tag{5-8}$$

阀瓣在 $t + \Delta t$ 时刻的角度 θ 可以表示为

$$\theta_{i+1} = \theta_i + \dot{\theta}_{i+1}\Delta t \qquad\qquad (5\text{-}9)$$

为了避免网格在更新过程中出现错误，需要对式（5-9）进行改进，从而引入影响因子 β：

$$\theta_{i+1} = \beta\theta_{i+1}^{k} + (1-\beta)\theta_{i+1}^{k-1} \qquad\qquad (5\text{-}10)$$

式中，k 是在某一时间步内的第 k 次循环迭代。

式（5-10）的意义是，在每一时间步长的计算中循环迭代多次，每一次的计算结果均考虑上一次计算结果的影响。当最新一次的计算结果与上一次的结果之差小于所设定的收敛准则时，则认为当前时间步的计算已经收敛并进入到下一个时间步进行计算。心脏瓣阀内流体流动的计算过程如图 5-20 所示。所采用的网格更新方法可以避免由于阀瓣转动惯量低导致的动网格更新失败，在数值计算过程中更稳健。

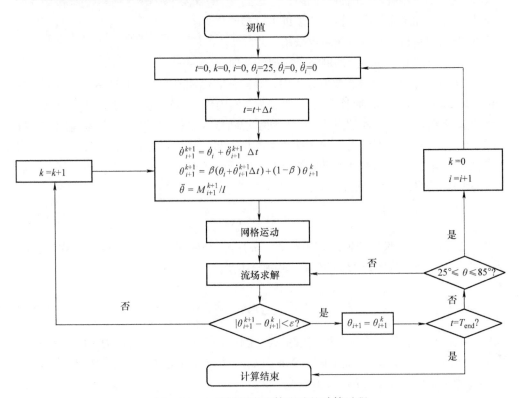

图 5-20　心脏瓣阀内流体流动的计算过程

选取阀瓣运动到半开位置时，位于阀瓣下游且在流道对称面上的流体速度作为网格独立性分析的对比变量。如图 5-21 所示，在三种不同网格数量下速度分布的差异不大。综合考虑计算结果准确性和计算量的大小，在分析中选用网格数量为 14×10^{4} 万时的网格生成方法。

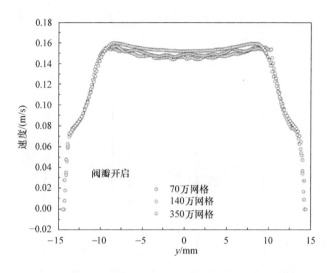

图 5-21　不同网格数下阀瓣下游对称面上的速度分布

数值计算过程中，将血液视为不可压缩牛顿流体，其密度为 1060kg/m³，黏度为 0.0035Pa·s。由于血液中的大部分成分为水，因而蒸汽相的物性与 37.5℃下蒸汽的物性一致，饱和蒸汽压选取为 6343Pa。当阀门的关闭速度及阀门的直径增加时，阀内发生空化的可能性也增大，但阀内介质的密度、黏度及温度对于阀内空化现象的影响基本可以忽略，所以均设为定值。边界条件采用压力入口和压力出口，在一个周期内作用在流道进出口压力的变化如图 5-22 所示。

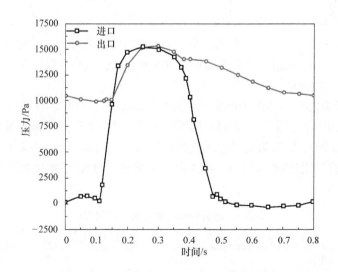

图 5-22　在一个周期内作用在流道进出口压力的变化

为了排除网格更新和计算初始值对计算结果的影响，以第二套网格生成方法（网

格数量为 140×10^4 ）对阀瓣运动的四个周期进行计算。由图 5-23 可以看出四个周期中阀瓣角度随时间的变化规律。

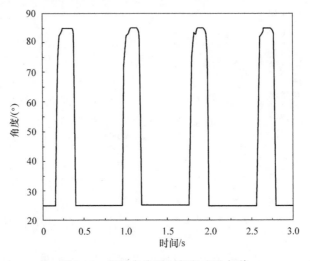

图 5-23   阀瓣角度随时间的变化规律

以第一个周期内阀瓣关闭时的角速度为基准，表 5-2 列出了不同周期内阀瓣关闭时的角速度与基准之比。

表 5-2   不同周期内阀瓣关闭时的角速度与基准之比

周期	1	2	3	4
关闭时角速度与基准之比	1	0.6885	0.6560	0.7211

从图 5-23 和表 5-2 中可以发现，第一个周期内的结果与其他周期相差较大，但后三个周期的计算结果相近。综合考虑计算效率及精度，最终选取计算两个运动周期并取第二个周期进行分析。

为了验证数值模拟方法的准确性，对模拟结果进行验证。利用数量为 140×10^4 的网格进行数值模拟计算，得到阀瓣从关闭到打开状态和从打开到关闭状态所需的时间，并与 Choi 等人[16]发表文献中的数据进行对比，见表 5-3。可以发现数值模拟的结果与文献数据之间的误差很小，最大误差小于 5%，验证了本次数值模拟方法的准确性。

表 5-3   数值模拟结果与文献数据对比

项目	开启阶段时长	关闭阶段时长
文献数据值	66.2ms	35.9ms
模拟计算值	67.7ms	37.4ms
误差	2.3%	4.2%

5.2.2　节流处空化发生机理

心脏瓣阀中空化发生的主要原因是挤压流，此外，还与阀门的关闭速度、阀瓣的结构、阀门的结构以及阀门的安装位置有关[17, 18]。

1. 心脏瓣阀与连接管路的流动特性

实际中的心脏瓣阀阀瓣与阀壳之间存在几十微米的间隙，所以在阀瓣关闭的时候，流体对阀瓣和阀壳有一定的冲刷作用，从而降低发生堵塞的可能性。在本书使用的模型中，阀瓣与阀壳之间的间隙选取为 0.1mm。图 5-24 所示为心脏瓣阀流道内的流量随时间的变化过程（包括从阀门开启到阀门关闭的一个周期）。

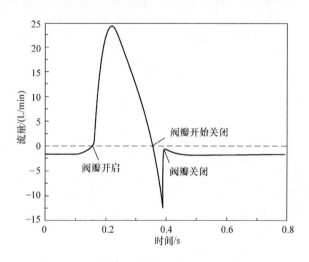

图 5-24　心脏瓣阀流道内流量随时间的变化过程

阀瓣在一个周期内的运动如图 5-25 所示。初始时阀瓣处于关闭状态，因阀瓣与阀壳之间存在间隙而导致流道有小流量的回流。随着时间推移，入口压力开始以较快速度增加，并在 0.155s 左右高于出口压力，此时阀瓣开始在流体力的作用下开启。当时间达到 0.219s 左右时，阀瓣处于完全开启状态，流道内流量也达到最大，此后入口压力与出口压力之间的差值减小并逐渐小于出口压力，因而流道内的流量减小，但是流体力仍维持阀门处于开启状态。当时间达到 0.35s 左右，阀门中的流动变成逆流，阀瓣在液体力等的作用下开始反向运动并在 0.389s 左右完全关闭。阀瓣关闭的时间要比开启时间短，并且关闭过程中进出口压力差越来越大，导致阀瓣在关闭时运动速度高。

如图 5-26a 和图 5-26b 所示，心脏瓣阀的阀瓣在刚刚达到全开位置和刚刚达到关闭位置时流道内的流体流动情况不同。从图 5-26 中可以明显发现，阀瓣达到全开位置时，在阀门下游有局部旋涡；当阀瓣关闭时，流体基本都被阻挡在阀瓣下游，只有极少数流体可从阀瓣与阀壳之间的空隙流过。

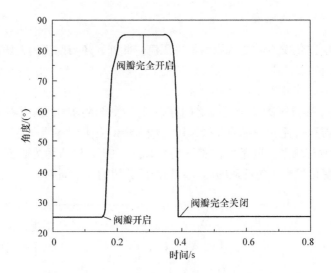

图 5-25　阀瓣在一个周期内的运动

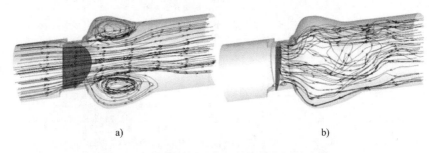

a)　　　　　　　　　　　　　　　　b)

图 5-26　阀瓣处于开启和关闭状态下的流线

a）开启状态　b）关闭状态

　　在心脏瓣阀运动过程中，不同时刻下流道内的速度分布如图 5-27 所示。其中时刻 1 表示在阀瓣开启过程中的某一状态；时刻 2 表示阀门刚刚完全开启；时刻 3 表示流道内入口压力等于出口压力的状态；时刻 4 表示阀瓣处于开始关闭的状态；时刻 5 表示阀瓣处于即将关闭的状态。

　　从图 5-27 中可以发现，在心脏瓣阀开启的过程中，两个阀瓣与阀壳之间形成了三处类似于孔板的流动。在阀瓣刚开始运动时，两侧孔板流的速度较大，中间孔板流的速度较小。随着阀瓣逐渐打开直至接近完全开启状态，可以观察到三处孔板流的速度接近，如图 5-27 中时刻 2 与时刻 3 所示。当心脏瓣阀开始关闭时，出口的阻力增加，流道内出现很多局部细小旋涡，流道中的速度也明显降低。当心脏瓣阀的阀瓣接近关闭时，阀后的流体基本被阀瓣阻挡，但在阀瓣与阀壳之间有较强的射流存在，且射流速度要比阀瓣运动中的其他时刻要高。

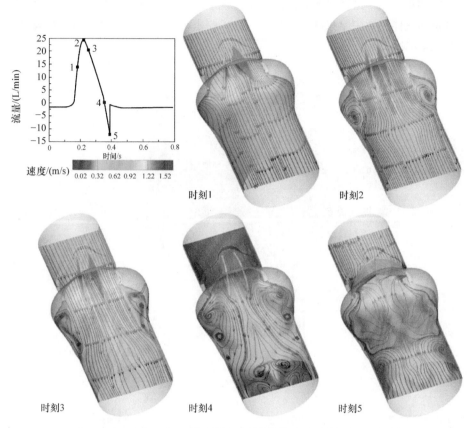

图 5-27　不同时刻下流道内的速度分布

　　在阀瓣逐渐打开过程中的时刻 2 与时刻 3 状态下，距离转轴 10mm、17mm、24mm、31mm 位置的速度分布，如图 5-28 所示。开始时，两侧的流体速度比中间的流体速度大。随着流动的发展，中间的流体速度明显增加并大于两侧流体速度，同时由于两侧的流体流动阻力小，并以很小的流向偏差向下游管路流动，导致在心脏瓣阀后的根部结构中出现图 5-27 中时刻 2 和时刻 3 下的局部旋涡。

　　图 5-29 所示为不同时刻下流道内的压力分布。其中时刻 1 ~ 5 与图 5-27 中的 5 个状态一一对应，时刻 6 则表示阀瓣关闭瞬间流道内的压力。从图 5-29 中可以看出，当心脏瓣阀的阀瓣处于开启状态时，流道内的压力远远大于液体的饱和蒸汽压，这说明阀瓣处于开启状态下流道内部不会有空化现象发生。当阀瓣从开启状态变为关闭状态时，如图 5-29 中时刻 6 所示，在心脏瓣阀关闭的瞬间，流道内的压力发生了剧烈的变化，并且压力变化的位置主要发生在阀瓣尖端，即远离阀瓣旋转轴与阀壳接触的位置。由于阀瓣的关闭，阀门下游管路中的流体流动被阻断，导致阀瓣下游的压力急剧升高至约 1MPa，变为管路内正常压力的 10 倍左右，而阀瓣上游的压力则明显降低至

流体的饱和蒸汽压，进而导致阀内产生空化现象。这种下游压力因阀瓣关闭而突然升高的现象即流体力学中常见的水锤现象，这说明水锤现象可能是引起心脏瓣阀中空化问题的根本原因。

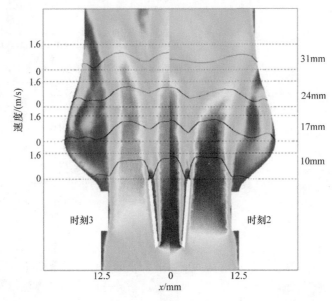

图 5-28   距离转轴 10mm、17mm、24mm、31mm 位置的速度分布

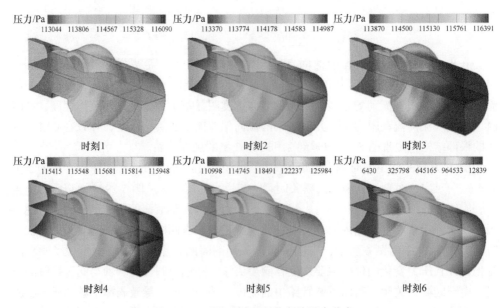

图 5-29   不同时刻下流道内的压力分布

　　阀瓣关闭后不同时刻下的压力分布如图 5-30 所示。由该图可以发现，当阀门关闭之后，阀瓣下游的压力已经恢复至正常水平，水锤效应的影响在短时间内已经消失。但在短时间内，在阀瓣上游压力低于饱和蒸汽压的低压区域依然存在，这说明空化现象的发生除了受水锤效应的影响外，还受到其他因素的影响。

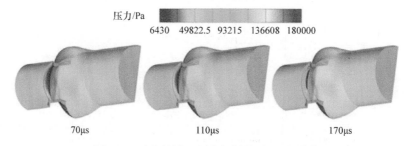

图 5-30　阀瓣关闭后不同时刻下的压力分布

　　图 5-31 所示为阀瓣关闭 230μs 后流道内的压力分布。由该图可以发现，随着时间的流逝，阀门内部的低压区逐渐减小并最终消失。根据流道内的压力在一个周期内的变化可以推测，含心脏瓣阀的流道在阀瓣关闭瞬间发生空化，并随在短时间内空化现象逐步加强，随后减弱并消失。

图 5-31　阀瓣关闭 230μs 后流道内的压力分布

2. 心脏瓣阀节流处的空化特性

　　由上面的分析可知，当阀瓣处于开启状态时，心脏瓣阀中没有空化现象发生。将阀瓣与阀壳之间的区域称为心脏瓣阀中的节流区，在阀瓣关闭的瞬间开始对流道内的最低压力进行监测。图 5-32 所示为心脏瓣阀流道内最低压力随时间变化的情况。从图 5-32 中可以发现，当阀瓣关闭后，流道内流体压力低至饱和蒸汽压的持续时间大约为 210μs。这一结果也与 Lee 等人[14]的实验结果相吻合，同时也从侧面说明了数值模拟的方法可以用于对心脏瓣阀中的空化问题研究。

　　关闭后心脏瓣阀内节流处在三个不同时刻下蒸汽相的体积分布如图 5-33 所示。空化现象主要出现在阀瓣上游远离旋转轴且与阀壳接触的一侧。随着时间的推移，发生空化的区域也逐渐减小，而且逐渐向阀瓣与阀壳之间的间隙处移动，最后只发生在二者之间的空隙处直到完全消失。

　　为了分析在阀瓣关闭之后，心脏瓣阀的流道内发生空化的原因，对阀瓣关闭后其附近的流动状态和压力分布进行了分析。如图 5-34 所示，在阀瓣关闭初期，阀瓣下游的流体因被阻挡而出现局部旋涡，且阀瓣与阀壳之间的空隙中存在高速流动区，在所观察截面上流体瞬间最高运动速度达 11m/s，同时大部分流体均直接回流至流道入口；之后，部分流体从阀瓣与阀壳之间的间隙转向阀门内部阀瓣表面，导致高速流体流向流道中心位置；随着流动继续发展，高速流体流动区域减小，流经空隙的流体对阀瓣的影响也减小。

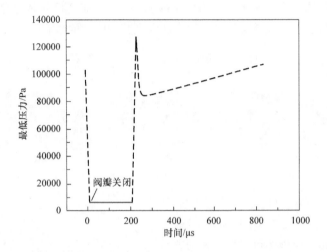

图 5-32 心脏瓣阀流道内最低压力随时间的变化情况

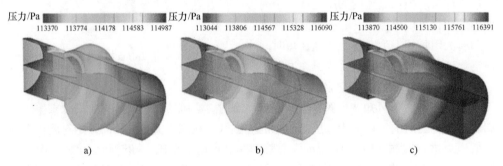

图 5-33 关闭后心脏瓣阀内节流处在三个不同时刻下蒸汽相的体积分布

a）70μs b）110μs c）170μs

图 5-35 所示为阀瓣附近的最大速度随时间的变化情况。由该图可以发现，在阀瓣关闭的瞬间，由于阀瓣的挤压作用产生了高速射流，流体的速度在极短时间内达到峰值，峰值速度高达平时流体速度的 5 倍左右；之后，高速射流迅速消失，流体速度逐渐恢复至正常水平。

图 5-36 所示为关闭后不同时刻下阀瓣附近的压力分布。由该图可以发现，阀瓣下游的高压出现在阀瓣与阀壳接触的瞬间；随后，阀瓣前后压差迅速回归正常水平，而阀瓣与阀壳之间的高速射流持续的时间要比阀瓣下游高压出现的时间长。因此可以推断，阀内节流处发生的空化现象是在水锤效应和挤压流效应的共同作用下引起的，并且阀瓣挤压效应引起的高速射流影响的时间更长。

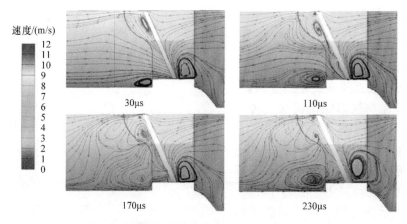

图 5-34　阀瓣附近的流动状态随时间的变化情况

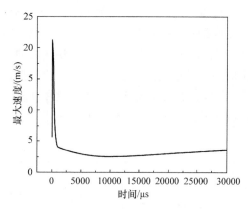

图 5-35　阀瓣附近的最大速度随时间的变化情况

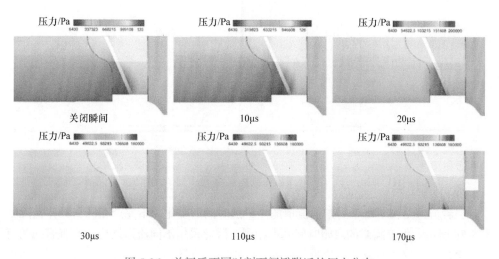

图 5-36　关闭后不同时刻下阀瓣附近的压力分布

5.2.3 空化抑制方法

1. 阀后流道根部结构设计

当安装心脏瓣阀时，下游流道的根部结构一般选择外旋轮线变截面、圆形变截面与圆形等截面这三种形状，如图 5-37 所示。

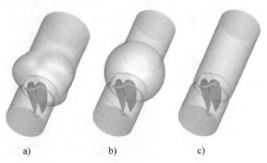

对含有不同流道根部结构的同一心脏瓣阀进行研究，分别对阀内节流处的流动特性和空化特性进行对比。图 5-38 所示为应用三种不同流道根部结构的阀瓣在一个周期内的运动情

图 5-37   阀瓣关闭后不同时刻下蒸汽相的体积分布

a) 外旋轮线变截面   b) 圆形变截面   c) 圆形等截面

况。三种流道根部结构下阀瓣的开启时刻几乎相同，与外旋轮线变截面的流道相比，使用圆形变截面的流道会导致阀瓣完全开启的时间变长。虽然两种流道结构下阀瓣开始关闭的时刻几乎相同，但是圆形变截面的流道会加快阀瓣的关闭过程。圆形等截面的流道导致阀瓣在一个周期内不能完全开启，其最大的开启角度为82.4°，比设计的最大开启角度少了 2.6°。此外，安装在圆形等截面流道和圆形变截面流道中的心脏瓣阀从阀瓣开启到阀瓣关闭所用的时间基本一致，并且小于安装在外旋轮线变截面流道中的心脏瓣阀所用的时间。

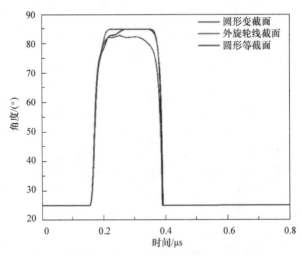

图 5-38   应用三种不同流道根部结构的阀瓣在一个周期内的运动情况

三种流道结构下每个周期内流道的流量随时间的变化并不完全相同，具体情况如图 5-39 所示。由于阀瓣的启闭时间基本相同，因此采用不同流道结构的心脏瓣阀的流量变化基本一致；但流道形状为圆形等截面阀门的流量变化幅值最小，而流道形状为

外旋轮线变截面阀门的流量变化幅值最大，因此对于使用圆形等截面的流道来说，在实际过程中可能无法提供所需要的流量。

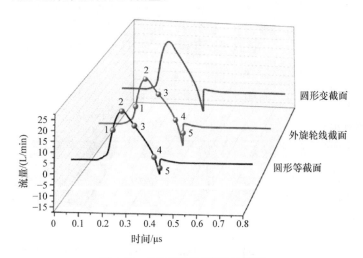

图 5-39　不同流道结构下的流量

注：图中 1～5 对应图 5-40 中的时刻 1～5。

为了探究圆形等截面流道中阀瓣不能完全开启的原因，对阀瓣启闭过程中流道内的流动进行对比分析，如图 5-40 所示，其中时刻 1 到时刻 5 和图 5-27 中所述时刻一一对应。对比图 5-40 和图 5-27 可以发现，当流道为圆形变截面时，流道内流体速度随时间的变化情况与外旋轮线变截面的基本相同。随着阀瓣的开启，阀瓣两侧的流体速度先增加，推动阀瓣继续开启，然后阀瓣中间的流体速度开始逐渐增大，并最终超过两侧流体速度。随着流道出口压力的增加，流道内的流体开始反向流动，推动阀瓣的关闭，且在阀瓣关闭的同时，在阀瓣与阀壳间形成的空隙内出现高速射流。当流道为圆形等截面时，在阀瓣开启初期，流道内的流场分布与采用其他两种结构的情况相似；但是当阀瓣运动到时刻 2 时，圆形等截面流道内的流动更加稳定，阀瓣两侧及阀瓣间形成三处类似孔板的流动，且流动情况基本一致，此时阀瓣两侧的受力大小也相近，从而可以长时间保持在小于设计转角的角度上。这一问题也导致心脏瓣阀阀瓣在关闭初期的角度变化小，所以最终关闭时间与采用圆形变截面形状的流道结构相近。此外，对于圆形等截面流道，阀瓣与阀壳之间的空隙在阀瓣关闭后也有高速射流区存在。

对于三种不同的流道结构，表 5-4 列出了阀瓣关闭后流道内的瞬时最大压力。对比表 5-4 中的数值后可以发现，在外旋轮线变截面流道内，阀瓣下游的瞬间最大压力最大且持续时间最长；而在圆形等截面流道内，阀瓣下游的瞬间最大压力在三种流道结构中最小；同时，圆形变截面流道与圆形等截面流道内的阀瓣下游瞬间高压作用时间很接近。

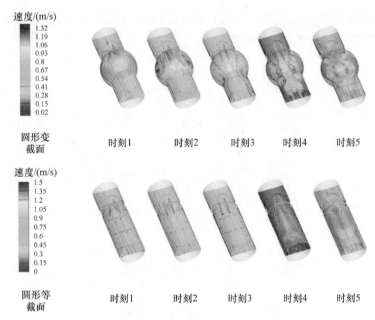

图 5-40　阀瓣启闭过程中流道内的速度变化

表 5-4　不同流道结构下阀瓣关闭后流道内的瞬时最大压力

项目	外旋轮线变截面	圆形变截面	圆形等截面
瞬时最大压力 /MPa	1.32	1.22	0.91
持续时间 /μs	< 20	< 10	< 10

　　三种不同的流道结构下，阀瓣关闭后空隙处的流体最大速度随时间的变化如图 5-41 所示。从图 5-41 中可以发现，对于圆形等截面流道，阀瓣与阀壳间形成的空隙内的流体最大速度比其他两种形状流道内的流体速度小，而阀瓣关闭之后短时间内（约 40μs），外旋轮线变截面下的流道内流体达到最大速度，但随后逐渐降低直至稍低于圆形变截面流道内的流体最大速度。

　　三种不同的流道结构下，阀瓣关闭后流道内最小压力随时间的变化如图 5-42 所示。对比发现，圆形等截面流道的心脏瓣阀内，低至饱和蒸汽压的最小压力的出现时间远远短于另外两种结构，因而圆形等截面阀内节流处发生空化的可能性最小，空化强度也最小，而外旋轮线变截面阀内节流处发生空化的可能性及空化强度最大。

　　在心脏瓣阀阀内节流处，空化发生的可能性及空化强度与阀瓣关闭瞬间产生的高压和高速射流有关。阀瓣下游瞬时压力及阀瓣与阀壳之间的瞬时射流速度越大，阀内节流处发生空化的可能性也越大。将三种不同结构下阀瓣运动过程中的角速度随时间变化的过程进行对比，如图 5-43 所示，三种不同的颜色所代表的流道结构也与图 5-42一一对应。从图 5-43 中可以看出，在阀瓣开启过程中，三种结构的流道内阀瓣的运动速度基本一致。但是，对于外旋轮线变截面和圆形变截面的流道来说，阀瓣开启过程中的运动速度在降至最小前有一个小幅度的增加，而圆形等截面流道内阀瓣运动速度直接降低至最小值，因而其最终并没有达到完全开启。在阀瓣关闭的过程中，因为流道进出口压差的变化，阀瓣的运动速度一直在增加，并在阀瓣与阀壳接触时达到最大值。从图 5-43 中还可以看出，在外旋轮线变截面流道内，阀瓣关闭时的运动速度最大，而圆形等截面流道内，阀瓣关闭时的运动速度最小。因此，阀内节流处空化的发生情况可以用阀瓣关闭时的最大运动速度来表征，关闭时阀瓣的运动速度越大，阀内节流处发生空化的可能性也越大。

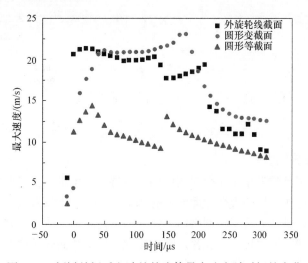

图 5-41   阀瓣关闭后空隙处的流体最大速度随时间的变化

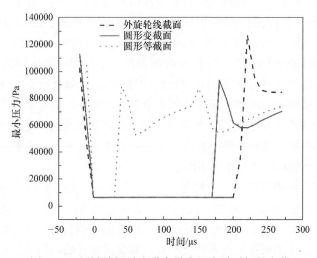

图 5-42   阀瓣关闭后流道内最小压力随时间的变化

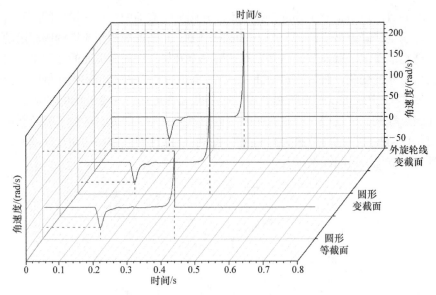

图 5-43 不同流道结构下阀瓣一个周期内角速度的变化

2. 阀瓣结构优化设计

阀门中空化现象的发生不仅会对阀门的流动特性产生影响，还可能会引起振动和噪声。本节主要是在选择圆形变截面流道的基础上，进一步深入对心脏瓣阀阀内节流处的空化问题进行研究。为了抑制阀内节流处的空化问题，从心脏瓣阀的结构（包括阀瓣的转轴位置和阀瓣厚度，以及流道结构参数，即变截面段长度）入手，进行优化分析以满足需求。

（1）转轴偏移距离　当阀瓣的旋转轴与阀门对称中心之间的偏移距离变化时，流道内的流动情况会发生相应改变，而压力的改变与空化现象的发生息息相关。本节研究了转轴偏移距离从 2.1mm 变化至 2.9mm 时，阀内节流处空化强度的变化情况。

当转轴偏移距离不同时，心脏瓣阀的阀瓣在一个周期内的运动曲线如图 5-44 所示。阀瓣在运动过程中开启和关闭所需的时间见表 5-5。综合图 5-44 和表 5-5 可以发现，随着转轴偏移距离的增加，阀瓣达到完全开启需要的时间增加，当转轴偏移距离为 2.9mm 时，阀瓣则无法达到完全开启的状态。阀瓣保持全开状态的时间随着转轴偏移距离的增加而减少，因而阀瓣开始关闭的时间点逐渐提前，但是阀瓣关闭所需要的时间基本随着转轴偏移距离的增加而增加。

不同转轴偏移距离下流道中的流量如图 5-45 所示。从图 5-45 中可以看出，当转轴偏移距离为 2.5mm 和 2.7mm 时，流道中的流量变化基本相同，但是在流量达到最大值后转轴偏移距离的增加会导致流量减少。这是由于结构的变化导致了流道内阻力的变化，因此增加转轴偏移距离不但会导致阀瓣保持全开的时间减少以及阀瓣不能完全开启，还可能导致单位时间内输出的流量减少而无法满足需求。

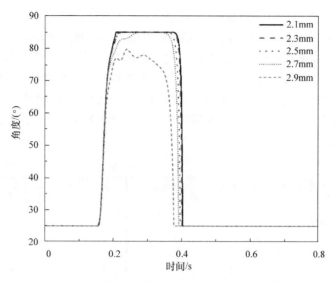

图 5-44　心脏瓣阀的阀瓣在一个周期内的运动曲线

表 5-5　阀瓣在运动过程中开启和关闭所需的时间

转轴偏移距离 /mm	2.1	2.3	2.5	2.7	2.9
阀瓣开启时长 /ms	52.60	58.60	61.10	117.30	—
阀瓣保持完全开启时长 /ms	164.30	158.30	142.00	72.00	—
阀瓣关闭时长 /ms	31.15	28.93	36.65	49.05	—
阀瓣启闭总时长 /ms	248.05	245.83	239.75	238.35	220.45

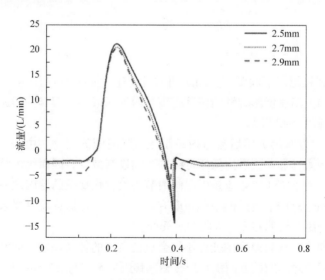

图 5-45　不同转轴偏移距离下流道中的流量

不同转轴偏移距离下，阀瓣在一个周期内的运动角速度随时间的变化如图 5-46 所示。从图 5-46 中可以看出，当转轴偏移距离较小时，阀瓣在开启阶段会由于最大转角限制而出现速度骤降至零的情况。同时，在阀瓣关闭阶段，随着阀瓣转轴偏移距离的减小，阀瓣达到最大运动角速度的时刻逐渐推迟，并且阀瓣在关闭时刻的最大运动角速度逐渐增加。这说明阀瓣关闭阶段的时间过短会导致阀瓣的最大运动角速度增加，进而对阀门壳体的冲击加强，从而增大了阀内节流处空化现象发生的可能性，并提高了空化强度。

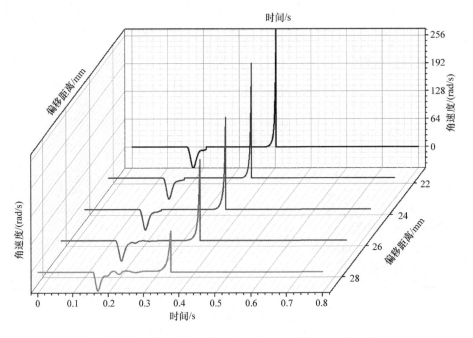

图 5-46　阀瓣在一个周期内的运动角速度随时间的变化

不同转轴偏移距离下阀瓣在关闭瞬间的运动速度如图 5-47 所示。从图 5-47 中可以看出，阀瓣的关闭速度随转轴的偏移距离的增加而减小，阀瓣关闭速度的大小，会影响到阀内流场的分布情况。

图 5-48 所示为阀瓣关闭后流道内最小压力随时间的变化。由图 5-48 可以看出，随着转轴偏移距离增加，流道内低压持续的时间逐渐减少，因而阀内节流处的空化强度也逐渐降低。由于挤压流效应是引起阀内节流处空化现象的原因之一，故阀瓣关闭瞬间速度的大小与阀内节流处的空化强度有关。因此，在保证流量要求的前提下，使用时应尽可能选用转轴偏移距离大的心脏瓣阀。

（2）阀瓣厚度　阀瓣厚度的变化不仅会改变自身的转动惯量，同时还会改变其在关闭状态下与阀壳之间的接触面积。当转轴偏移距离确定为 2.7mm 时，选择阀瓣厚度分别为 0.55mm、0.65mm 与 0.75mm 的心脏瓣阀，进行模拟并分析结果。

　　图 5-49 所示为心脏瓣阀中不同阀瓣厚度下阀瓣在一个周期内的运动情况。由图 5-49 可见，三种不同厚度下阀瓣的运动轨迹相差不大。当阀瓣厚度为 0.55mm 和 0.65mm 时，阀瓣在开启阶段的运动轨迹相同，同时在接近完全开启状态时，运动幅度小于厚度为 0.75mm 的阀瓣；当阀瓣厚度为 0.65mm 和 0.75mm 时，阀瓣在关闭阶段的运动轨迹相同，并比厚度为 0.55mm 的阀瓣提前关闭。

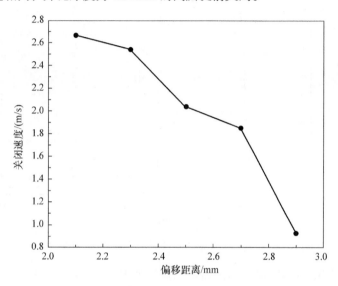

图 5-47　不同转轴偏移距离下阀瓣的关闭速度

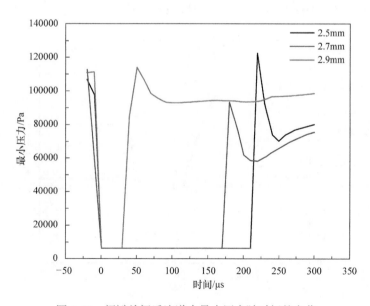

图 5-48　阀瓣关闭后流道内最小压力随时间的变化

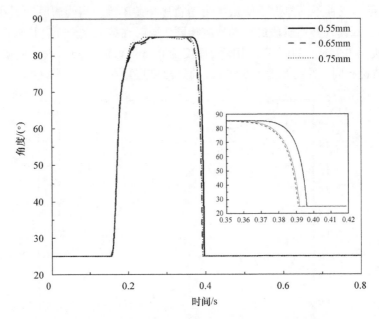

图 5-49　不同阀瓣厚度下阀瓣在一个周期内的运动情况

　　不同阀瓣厚度下心脏瓣阀的流道内的流量如图 5-50 所示。相比之下，阀瓣厚度为 0.75mm 时，流道在单位时间输出的流量更高，但是不同阀瓣厚度下流量之间的差值非常小，而且不同阀瓣厚度下流量的变化趋势相同。

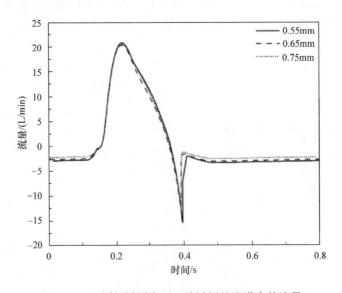

图 5-50　不同阀瓣厚度下心脏瓣阀的流道内的流量

以厚度为 0.65mm 的阀瓣关闭瞬间的运动速度为基准，不同厚度的阀瓣关闭瞬间的运动速度比值见表 5-6。由表 5-6 可见，增加阀瓣厚度能够降低阀瓣关闭瞬间的运动速度，从而减少阀瓣关闭瞬间引起的挤压流效应与水锤效应，降低阀内节流处的空化强度。

表 5-6   不同阀瓣厚度下阀瓣关闭瞬间的速度比值

阀瓣厚度 /mm	0.55	0.65	0.75
阀瓣关闭瞬间速度比值	1.174	1	0.960

（3）根部结构   当阀门下游确定为圆形变截面流道时，选取变截面段的流道长度分别为 8mm、10mm、13mm 与 14mm。不同变截面段长度下阀瓣在一个周期内的运动情况如图 5-51 所示。由图 5-51 可见，相比最初结构（13mm），其他长度的变截面段均缩短了阀瓣达到完全开启状态所需要的时间。但是，变截面段长度过长或者过短均会导致阀瓣开始关闭的时间延迟，如变截面长度为 8mm 时，其关闭时间延迟了约 8ms；而阀瓣开始关闭的时刻越晚且关闭的时长越长，其与阀壳接触时的运动速度也就越大。

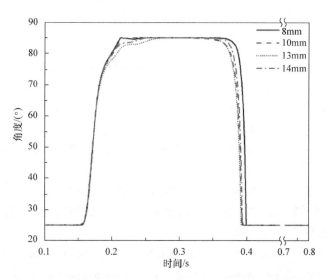

图 5-51   不同变截面段长度下阀瓣在一个周期内的运动情况

不同变截面段长度下阀瓣关闭瞬间运动速度比和流道内低压作用时间如图 5-52 所示。图 5-52 中还显示了阀瓣关闭后流道内最低压力出现的时间。由图 5-52 可见，变截面段长度为 8mm 的流道内的低压时间和阀瓣关闭时的运动速度均远大于其他变截面段长度的；而变截面段长度为 10mm 时，流道内的低压作用时间和阀瓣关闭时的运动速度相比于最初结构均有所减少。因此，在设计流道结构的时候，应充分考虑到流道结构对阀内空化现象及空化强度的影响。

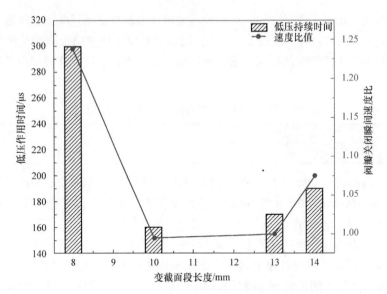

图 5-52　不同变截面段长度下阀瓣关闭瞬间运动速度比和流道内低压作用时间

参考文献

[1] 陈晏育，赵月芬，闫永生，等．锥阀空化现象研究及结构优化 [J]．水电能源科学，2018，36（7）：144，145-148.

[2] 史庆峰，王必宁，董雷，等．核电厂疏水管道穿孔原因分析及处理 [J]．理化检验（物理分册），2014，50（9）：671-673.

[3] 王黎，郑智剑，肖定浩，等．煤液化热高分液控阀空蚀磨损耦合研究 [J]．流体机械，2013，41（12）：32-35.

[4] 潘森森，彭晓星．空化机理 [M]．北京：国防工业出版社，2013.

[5] 何庆中，郭斌，陈雪峰，等．超超临界电站锅炉调节阀及管配系统空蚀特性研究 [J]．制造业自动化，2015，37（15）：92-95.

[6] HUTLI E，NEDELJKOVIC M S，RADOVIC N A，et al. The relation between the high speed submerged cavitating jet behaviour and the cavitation erosion process [J]. International Journal of Multiphase Flow，2016，83：27-38.

[7] K Y. Unsolved Problems in Acoustic Cavitation [M]. Singapore：Springer，2016.

[8] STERN F，WILSON R. Closure to "Discussion of 'Comprehensive approach to verification and validation of CFD Simulations-Part 1：Methodology and procedures'" [J]. Journal of Fluids Engineering-Transactions of the Asme，2002，124（3）：810-811.

[9] COLOMBO E，INZOLI F，MEREU R. A methodology for qualifying industrial CFD：The Q（3）approach and the role of a protocol [J]. Computers & Fluids，2012，54：56-66.

[10] NASTASE E V. Determination of local losses in a globe valve at different openings [J]. Bulletin of Engineering，2016，9（3）：47-50.

[11] PALAU-SALVADOR G，GONZALEZ-ALTOZANO P，ARVIZA-VALVERDE J. Three-dimensional modeling and geometrical influence on the hydraulic performance of a control valve [J]. Journal of Fluids Engineering-Transactions of the Asme，2008，130（1）：011102.

[12] 刘郁倩，但年华，但卫华. 人工心脏瓣膜的研究进展 [J]. 西部皮革，2013，35（20）：25-30.

[13] ANDERSEN T S，JOHANSEN P，CHRISTENSEN B O，et al. Intraoperative and postoperative evaluation of cavitation in mechanical heart valve patients [J]. Annals of Thoracic Surgery，2006，81（1）：34-41.

[14] LEE H，HOMMA A，TAENAKA Y. Hydrodynamic characteristics of bileaflet mechanical heart valves in an artificial heart：Cavitation and closing velocity [J]. Artificial Organs，2007，31（7）：532-537.

[15] REUL H，VAHLBRUCH A，GIERSIEPEN M，et al. The Geometry of the Aortic Root in Health，at Valve Disease and after Valve-Replacement [J]. Journal of Biomechanics，1990，23（2）：181-191.

[16] CHOI C R，KIM C N. Numerical Analysis on the Hemodynamics and Leaflet Dynamics in a Bileaflet Mechanical Heart Valve Using a Fluid-Structure Interaction Method [J]. Asaio Journal，2009，55（5）：428-437.

[17] LEE H，TAENAKA Y. Mechanism for cavitation phenomenon in mechanical heart valves [J]. Journal of Mechanical Science and Technology，2006，20（8）：1118-1124.

[18] LEE H，TSUKIYA T，HOMMA A，et al. A study on the mechanism for cavitation in the mechanical heart valves with an electrohydraulic total artificial heart [J]. Jsme International Journal Series C-Mechanical Systems Machine Elements and Manufacturing，2004，47（4）：1043-1048.

第 6 章

特种阀门振动分析

大多数特种阀门有着显著的节流作用，而在节流过程中，流体速度大小和方向的不均匀性会引发振动，所以特种阀门成了管路系统中的主要振动源之一。阀门的振动不仅会对设备造成损害，还会缩短设备的使用寿命，造成不必要的损失。目前，随着各类严苛工况的不断涌现，阀门振动问题愈发凸显。因此，对阀门振动问题进行研究具有重要的实际意义。本章以调节阀、先导式截止阀和主给水调节阀为例，提出了特种阀门流致振动分析与抗震分析方法，总结了先导式截止阀阀内弹簧刚度的选择公式，最后对主给水调节阀进行了抗震分析。

6.1 特种阀门振动研究现状

特种阀门在不同的应用场合中，工作条件与结构形式有很大的差别，其振动产生的机理也有所不同，主要可分为外激振动与流激振动两大类。

6.1.1 外激振动

外激振动是指阀门所在系统或系统中其他部件处于振动状态时，振动通过管线等连接件传递至调节阀，从而引发的阀门振动。应用于国防装备和工程机械领域的阀门在工作时最容易受到外激振动的影响，因此一些学者对这些阀门进行了针对性的研究。

在国防装备领域，刘洪宇等[1]分析了使用于飞行器的双级溢流阀在启动过程中和整机振动时的服役性能，发现振动会延长阀门的压力稳定时间和开启时间；王春民等[2]研究了使用于液体火箭发动机的电磁自锁阀在火箭飞行过程中的工作特性，发现振动对副阀的影响较大，对主阀的影响较小。

在工程机械领域，殷晨波等[3]探讨了使用于施工机械的直动式溢流阀在正弦振动下的性能参数，发现入口压力波动幅度随着振动频率的增大而增大；杨忠炯等[4]模拟了使用于硬岩掘进机的电磁换向阀在随机振动下的动态特性，发现阀芯在中位时的位移波动随着白噪声方差和均值的减小而减小。

虽然外激振动会对阀门的工作性能产生显著的影响，但其产生的根源并不在阀门内部，因此在阀门振动研究领域中关注较少。现有的研究工作大多是分析流激振动对阀门性能的影响。

6.1.2　流激振动

流激振动是指由阀内流体流动引发的阀门振动，是阀门振动研究中的焦点问题。当前对流激振动的分类方法还没有形成定论，不同的研究者有不同的分类方法[5-8]，相互之间有所重叠又有所不同。本书将阀门流激振动分为涡激振动、声腔共振、空化振动、不稳定流动导致的振动和流体弹性不稳定导致的振动五类。

1. 涡激振动

涡激振动是指由于旋涡引发的振动，可分为由旋涡脱落引发的振动和由湍流脉动引发的振动两种。

由旋涡脱落引发的振动是指流体流经非流线型的障碍物时产生非定常的旋涡脱落[9]，并对障碍物产生变化的载荷，从而激发的结构振动响应。在调节阀中，当流体流经闸阀闸板[10]和蝶阀碟板[11, 12]这两类具有简单几何结构的节流件时，易发生显著的旋涡脱落，并由此引发调节阀振动。针对闸阀，Billeter[13]采用实验方法对涡激振动机理进行了研究，发现旋涡从闸板底部脱落的方式包括从闸板底面脱落和从闸板前缘脱落两种，闸阀垂向振动主要由前者引起，而闸阀顺流向振动主要由后者引起。针对蝶阀，李建伟等[14]采用实验与仿真技术相结合的方法对活门筋板开裂的问题进行了研究，发现活门固有频率与流场中的卡门旋涡频率接近是事故的起因。

由湍流脉动引发的振动是指由于湍流中水流质点的弥散[15]，湍流内及湍流边界上各点压力在空间和时间上表现出具有随机性的脉动，从而引发的结构振动响应。从物理结构上看，湍流是由不同尺度的旋涡叠合而成的流动[16]，因此本书将湍流脉动引发的振动也归属于涡激振动。当流体流经具有复杂节流件的调节阀时，易发生由湍流脉动引发的振动。李树勋等[17]针对具有多级节流套筒的疏水阀，采用流固耦合分析方法对振动响应进行了研究，发现节流套筒结构形式决定了振动特性，而开度变化对振动特性的影响很小。王伟波[18]对高压降迷宫套筒组合调节阀进行了涡激振动仿真研究，通过调节阀升力系数频谱分析得到了旋涡脱落的频率范围。对比调节阀固有频率和旋涡脱落频率，发现高压降迷宫套筒组合调节阀不会发生涡激振动锁定现象。

涡激振动是最常见的流激振动形式，应引起阀门研究人员的重视。由旋涡脱落引发的振动多发生于结构简单的阀门中，相对有利于研究工作的开展，因此得到了较为广泛且深入的研究。与之相对的，由湍流脉动引发的阀门振动，由于研究难度较大，因此相关工作较少，大多仍停留在表观现象总结的层次；但日益提升的性能要求使调节阀结构复杂化程度不断提高，由湍流脉动引发的阀门振动问题出现频率也不断增大，因此该问题亟须关注。

2. 声腔共振

声腔共振是指由于空腔结构中流体压力波动的频率接近或等于空腔的声学固有频

率时发生的振动。

Galbally 等 [19] 采用实验方法，对发生在安全阀上的声腔共振机理进行了解释：安全阀立管是典型的空腔结构。空腔的声学模态由空腔的几何结构、声学边界条件和阀内蒸汽的热力学性质决定，而与管道内的蒸汽流动速度无关。在结构形式与声学模态的共同影响下，立管口部流场中会形成旋涡脱落，并在不同的速度下表现出不同的旋涡脱落形式。不同的旋涡脱落形式在空腔中引起的压力波动频率不同，当压力波动频率与空腔某一阶的声学频率接近或一致时，就会发生声腔共振现象。Tonon[20] 与 Ziada 等 [21] 采用文献调研的方法，同样对发生在安全阀上的声腔共振现象进行了调查，提出声腔共振在气体介质切向掠过空腔结构时发生的可能性最大。徐峥等 [22, 23] 采用数值模拟的方法，对发生在蒸汽隔离阀上的严重振动和噪声问题进行了分析，指出缩颈结构后方不规则的涡流群和阀门空腔之间构成的声腔共振关系是问题的根源。

从流场看，声腔共振与涡激共振的起因类似，都是由于旋涡脱落或湍流脉动在阀内流场中引起了压力波动。不同的是，涡激振动中的旋涡脱落或湍流脉动仅由流体流经不良的流动结构引起，而声腔共振中的旋涡脱落或湍流脉动是流体流经不良的流动结构与空腔声学模态共同作用的结果。声腔共振在调节阀振动中并不多见，仅含有空腔结构的调节阀需要考虑这类振动。声腔共振在阀门振动事故中报道最少，因此也没有得到普遍的重视，往往依照含边枝结构的管道声腔共振机理来理解阀门的声腔共振，没有结合阀门本身的结构与工作特点，未来的工作应从这方面入手继续深入认识阀门声腔共振机理。

3. 空化振动

空化振动是指由于阀内流场中发生空化现象而导致的振动。空化现象通过两种方式引起调节阀振动：一种是空化气穴发展过程中的形态演变 [24] 使流场处于不稳定状态，产生流体压力波动导致振动；另一种是介质离开节流口后，压力会快速上升，使空化气穴受压破裂，形成巨大的冲击作用在阀门内表面造成严重的振动 [25]。

王国玉等 [26] 研究了射流放水阀的空化振动现象，发现在不同的空化数范围内，振动强度随空化数变化的趋势不同，指出这是由于空化气穴中空化泡和空化涡的数目和形态变化造成的。Yi 等 [27] 研究了空化流形态与锥阀振动的关系，发现不同的空化流形态对锥阀振动的影响不同，提出不同空化流形态的非连续切换极易引起锥阀振动。张圣卓 [28] 研究了喷嘴挡板伺服阀前置级流场中的非定常空化现象，发现挡板锐边的空化气穴形态变化与流场中的压力脉动变化具有对应关系，认为空化气穴从挡板锐边脱落并在下游流场溃灭是流场高频压力脉动的重要诱因。

目前对空化振动的研究大多停留于定性分析的角度，没有在空化指标与振动信息之间建立量化的函数关系，更没有确定由空化气穴形态演变引发的振动与空化气穴溃灭引发的振动在总振动中的权重，未来的研究工作应考虑从这两方面展开。

4. 不稳定流动导致的振动

不稳定流动导致的振动是指流体力随着流动形式变化而变化引发的结构振动响应。不稳定流动导致的振动在服役于热电厂或核电厂的汽轮机蒸汽调节阀上报道较多。

Zhang 等 [29] 采用实验方法，在不同开度和压比下对蒸汽调节阀内部流动特性进行了研究，发现在小开度、中压比情况下阀内流动最不稳定，会出现多种流动形态。Morita 等 [30] 采用实验和数值模拟相结合的方法，对蒸汽调节阀在中等开度下的流动不稳定现象进行了研究，发现阀芯表面高压区随时间变化而产生周向运动，并认为这是引起调节阀振动的原因。Zeng 等 [31] 采用瞬态数值模拟方法，对蒸汽调节阀内的流场稳定性进行了研究，发现在相同的压比变化范围内，压比自大至小（自压比为 0.6 调节至压比为 0.4）与自小至大（自压比为 0.4 调节至压比为 0.6）两种相反的调节过程中，流动形态发生改变时所对应的压比不同，流场压力脉动的剧烈程度也不同。Wang 等 [32] 采用稳态数值模拟，对钟形阀芯蒸汽调节阀的流动特性进行了研究，发现在小开度下阀口射流离开本来的流动方向，改为随着凸出的阀座表面流动，从而形成环状附壁流形，这与柯恩达效应相吻合。马玉山等 [33] 通过试验对预启式调节阀在特殊工况条件下出现的强振动问题进行了研究，研究表明调节阀振动主要是由阀内流体流动的不稳定导致的，在相对开度 70% ~ 100% 工况下，流场最不稳定，其相应脉动压力幅值明显增大引发了阀杆的剧烈振动。

5. 流体弹性不稳定导致的振动

流体弹性不稳定导致的振动是指由于流体力、弹性力和惯性力的耦合作用导致弹性结构发生振幅不衰减的自激振动。在航空领域中，流体弹性不稳定导致的振动也称为颤振 [34]。

叶奇昉等 [35] 对电磁阀自激振动特性进行了研究，发现提高工作流量与工作压力会使电磁阀依次经历软自激振动、硬自激振动、稳定工作三种工作状态。王剑中等 [36] 对气动单向阀工作特性进行了分析，发现小流量、大压力下阀门稳定性较差，容易形成周期性颤振。李光飞等 [37] 对锥阀液动力进行了探讨，发现瞬态液动力会对锥阀产生负阻尼，从而引发锥阀振动。Hös 等 [38, 39] 对安全阀动态响应进行了探究，发现工作状态下阀碟位移的变化可能会与入口管道内产生并传递而来的压力波产生耦合作用，从而形成自激振动。

存在低阻尼的弹性结构是发生流体弹性不稳定导致振动的必要条件，这使得流体弹性不稳定导致的振动在各类阀门中出现的范围较为局限。一般仅对有阀芯或阀碟与弹簧相连的锥阀与安全阀等进行设计与性能评估时，考虑这类振动的影响。对调节阀由流体弹性不稳定导致的振动的研究往往从动力学的角度出发，以假设或经验公式表示液动力等对流场的影响。目前对流动机理及流固耦合机理的认识还不够成熟，未来应加强这方面的研究。

6.2　调节阀流致振动分析

调节阀的振动会严重影响整个控制系统的安全，而引起调节阀振动的主要原因是调节阀内部流动的不稳定性，与阀内流场及阀门固体结构都有着密切的关系。本节将针对椭球型调节阀阀芯在某一开度下的流激振动特性，采用流固耦合的方法进行研究。

6.2.1　研究模型

1. 几何模型

为了提高计算效率，本节对计算模型进行了简化，只建立了阀芯和阀座的模型，如图 6-1 所示。为了使振动更加明显，选取长径比为 5∶3 的椭球型阀芯。阀芯开度设为 25mm。阀座为一个内径为 100mm 的中空圆筒，高度为 100mm。流体介质为 20℃的水，水流从阀芯上部压盖与阀座构成的圆环状间隙流入，经过阀芯后从阀座下部中心孔流出。

2. 网格划分、边界条件及求解设置

（1）流场模拟　进行流固耦合分析时，需要对流体域以及固体结构分别进行网格划分。将流场模型导入 Mesh 软件，使用多区域（Multi-zone）方法，利用结构网格进行划分，如图 6-2 所示。为排除网格尺寸对数值模拟准确性的影响，应进行网格独立性验证。以 0.2MPa 压力入口和 0.1MPa 压力出口为边界条件，调整网格尺寸，以出口流量作为评估参数，对网格独立性进行研究，结果见表 6-1。从表 6-1 中可以看出，当网格尺寸小于 3.2mm 时，出口流量变化率小于 1%，这说明数值模拟结果不再受网格尺寸的影响。因此，在本节中采用 3.2mm 的网格尺寸对流道模型进行网格划分。

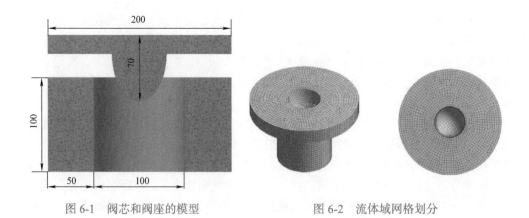

图 6-1　阀芯和阀座的模型　　　　　　　图 6-2　流体域网格划分

表 6-1　网格尺寸与出口流量

网格尺寸 /mm	网格数	出口流量 /（kg/s）	波动率（%）
4.0	262033	13.905	—
3.8	284780	14.051	1.0
3.6	337104	14.211	1.1
3.4	397763	14.367	1.1
3.2	456825	14.615	1.7
3.0	557036	14.584	−0.21
2.8	672849	14.603	0.13

双向流固耦合分析首先需要使用 Fluent 软件对流场进行仿真计算。由于流场和结构场相互影响，且流场随着时间不断变化，因而需要进行瞬态模拟。本节使用 Realizable k-ε 湍流模型，以速度入口和压力出口作为边界条件。由于该模型具有对称性，在使用 Workbench 软件分析流固耦合振动时，若只设置速度入口和压力出口，将不会产生振动，所以需要增加不对称因素，使固体产生振动。在 Fluent 软件的 user-define 中编写 UDF 控制文件，将入口处的速度 v_t 设定为波动形式：

$$v_t = v + h\sin(2\pi\omega t) \tag{6-1}$$

式中，v 是平均流速，此处取 v = 8m/s；h 是波动幅值，此处取 h = 2m/s，ω 是波动频率，此处取 ω = 60Hz。

双向流固耦合中流场模拟设置的重点是动网格设置。由于流场会随着固体的振动发生变化，因此需要对流场网格进行动网格设置。本节动网格设置方法选择 Smoothing（网格光顺法）和 Remeshing（网格重构法）。其中 Smoothing 是最常用的动网格方法，此方法适用于网格小变形，且变形过程中网格节点拓扑关系不会发生变化的场合（小幅运动）。Remeshing 是一种能解决除重叠网格之外的任意运动的动网格方法。此外，还可以勾选 Implicit Update（隐式更新），该功能时间成本较高，但可以让计算更加精确。在 Smoothing 中选择 Diffusion（扩散光顺），Diffusion Parameter（扩散系数）设置为 1.5。Remeshing 里选择 Local Cell（重构内部网格单元）、Local Face（重构变形边界上的三角形面网格）和 Region Face（重构与运动边界邻接的面网格），另外 Minimum Length Scale（最小网格尺寸）、Maximum Length Scale（最大网格尺寸）和 Max Cell Skewness（最大网格歪斜率）使用系统默认值。将阀芯流域表面和流域顶部中空圆面设置为动网格区域，运动方式选择 System Coupling（系统耦合）。求解方法中使用 SIMPLE coupling method，其余都用默认设置。时间步长设置为 0.005s。

（2）结构瞬态动力学模拟　双向流固耦合的固体分析选择 Transient Structural（结构瞬态动力学）模块。首先需要对固体材料进行定义，将阀芯阀座视为弹性体，其结构材料选择 Stainless Steel（不锈钢），其物性参数见表 6-2。其次对固体结构进行网格划分，在 Mesh 里的 Physics Preference（物理场参照类型）选择 Mechanical，这是为结构及热力学有限元分析提供的网格划分方式。Relevance Center（相关性中心）、Span Angle Seed（跨度中心角）和 Smoothing 都选择 Medium，这些参数的设置都是为了细化网格，提高网格质量。阀芯和阀座分别使用结构网格和非结构网格进行划分，如图 6-3 所示，其中图 6-3 的右图是从模型底部观察到的结构模型网格划分。

表 6-2　阀芯阀座材料的物性参数

密度 /（kg/m³）	弹性模量 / GPa	泊松比
7900	195	0.247

在对结构模型进行瞬态动力学设置时，选择 Analysis Settings，在 Step Controls 中对参数进行设置。Number of Steps 和 Current Step Number 都设置为 1，Step End Time 设置为 1s，Number of Substeps 设置为 1，其他均采用默认设置。对阀芯压盖周边环面进行 Fixed Support（固定约束），将压盖底面和椭球型阀芯表面设置为 Fluid Solid Interface（流固接触面）。

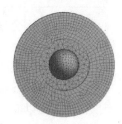

图 6-3　结构模型网格划分

（3）双向流固耦合　双向流固耦合和单向流固耦合最大的区别就是，前者需要对流场和结构场通过 System Coupling 进行强耦合，流场和结构场的计算结果随着两者的相互影响也不断改变。图 6-4 所示为双向流固耦合软件模块设置，图中 B（流场）和 C（结构场）的模型都是相同的，只不过前者抑制了结构模型，后者抑制了流场模型；两者的 Setup 都跟 D（System Coupling）的 Setup 进行关联，且流固耦合运算也由 D 进行控制。

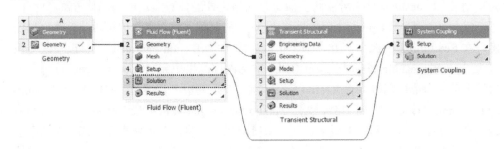

图 6-4　双向流固耦合软件模块设置

在 System Coupling 中，首先需要对 Analysis Settings 进行设置。在 Duration Controls（持续时间控制）中，持续时间由 End Time（结束时间）确定，且 End Time 为 1s。在 Step Controls（时间步长控制）中，Step Size（时间步长）设为 0.005s，Minimum Iterations（最小迭代步数）设为 2，Maximum Iterations（最大迭代步数）设为 5。

在 Properties of Region（区域性能）中，固体结构表面输入的是 Force（流场力），输出的是 Incremental Displacement（增量位移）；流场表面输入的是 Displacement（位移），输出的是 Force（流场力）。由于流体入口速度的周期性变化，流场中产生流致振动，流场力作用在阀芯表面，使阀芯产生振动；阀芯振动对流场造成影响，流场分布发生改变，进一步影响了流致振动的产生。在 Data Transfers（信息传递）中，需要对流场和固体结构一共 4 个面建立数据传递路径，明确耦合面间的数据传递的具体信息。最后，在 Execution Control 中设置 Co-Sim.Sequence（耦合模拟顺序），将 Transient Structural（结构瞬态动力学）设为 1，Fluid Flow（流体流动）设为 2。设置完毕后，便可进行双向流固耦合计算。

6.2.2　振动特性研究

1. 固有频率分析

研究振动特性之前，先要对整个结构模型的固有频率进行分析。借助 Workbench 软件中的 Model 模块，仅对边界条件进行约束模态分析。图 6-5 所示为 1～3 阶模态下结构模型的形变。1 阶自振频率下，形变主要集中在阀芯压盖中间区域，且中央部分形变程度较大，可达 0.023m。2 阶和 3 阶自振频率下，形变主要集中在阀座边缘，且不同阶数对应阀座最大形变位置不同，最大形变程度相近，约为 0.0145m。表 6-3 列出了结构模型 1～6 阶自振频率，其中 2 阶和 3 阶自振频率、4 阶和 5 阶自振频率都非常相近。

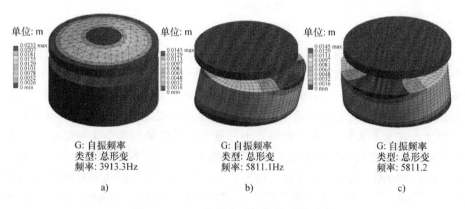

图 6-5　1～3 阶模态下结构模型的形变

a）1 阶　b）2 阶　c）3 阶

表 6-3　结构模型 1～6 阶自振频率

模态	1 阶	2 阶	3 阶	4 阶	5 阶	6 阶
自振频率 /Hz	3913.3	5811.1	5811.2	6180.0	6186.6	6996.6

2. 流场特性分析

通过双向流固耦合分析振动特性时，流场特性至关重要。该部分研究的是 1s 时（振动结束）流场特性（稳态）。图 6-6a 所示为流场对称面压力分布。从图 6-6a 中可以看出，流场压力从入口处到靠近阀芯表面区域基本保持 0.535MPa 不变。流体沿着椭球型阀芯表面向下流动时，经过阀座和阀芯之间缝隙的节流作用，压力不断降低。压力最低值出现在阀座表面附近的流场。阀芯底部附近流场压力出现明显的升高，形成高压流域。图 6-6b 所示为流场对称面速度分布。壁面附近的流场速度基本为 0，且入口处的速度与设置的边界入口速度一致。经过阀座和阀芯之间的缝隙时，流场流速不断增大，最后阀芯周围各个方向的高速流在阀座出口处之前汇聚。在阀芯底部附近出现了低速流区域。流场的最大速度约为 32.6m/s。

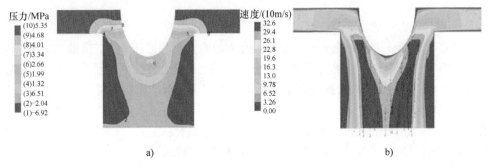

图 6-6　流场对称面压力分布与速度分布
a）压力分布　b）速度分布

3. 振动受力与位移分析

由于振动主要发生在椭球型阀芯以及与之相连的压盖上，因此阀座的振动特性可不予考虑。选取椭球型阀芯底部的顶点进行研究，得到其在 xyz 三个方向上振动位移随时间变化的情况，如图 6-7 所示。图 6-7 中所示的 x 轴、z 轴处于水平方向，y 轴处于竖直方向。阀芯振动频率等于入口流体速度变化频率。由图 6-7a 可见，阀芯底部顶点在水平方向上的振动非常小，最大振动位移仅为 $\pm 1.89 \times 10^{-8}$m，振幅为 0.91×10^{-8}m，且阀芯底部顶点在 x 轴和 z 轴上的振动情况呈轴对称分布，阀芯分别在 x 轴正半轴和 z 轴负半轴振动。由图 6-7b 可见，阀芯的振动主要体现在 y 轴上，振幅是 x 轴和 z 轴上振幅的 100 倍以上。其最大振动位移约为 6.8×10^{-6}m，振幅为 5.5×10^{-6}m。

图 6-8 所示为阀芯和其压盖在 xyz 三个方向上 1s 时的形变情况。x 方向和 z 方向上形变最大的区域集中在压盖环面上，y 方向上形变最大的区域为阀芯位置。压盖 x 方向上和 z 方向上的形变类似，但方向不同，最大形变值约为 6.58×10^{-7}m。压盖 y 方向上的形变从压盖中心向外侧逐渐减小，直至形变为 0，最大形变值约为 4.23×10^{-6}m。

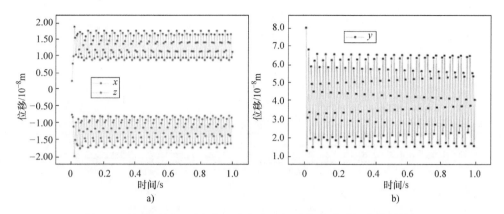

图 6-7　椭球型阀芯顶点在三个方向上振动位移随时间变化的情况

a）x 与 y 方向　b）z 方向

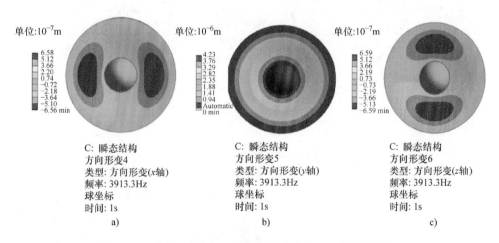

图 6-8　椭球型阀芯和其压盖在三个方向上 1s 时的形变情况

a）x 方向　b）y 方向　c）z 方向

图 6-9、图 6-10 所示为椭球型阀芯和其压盖上最大和最小压力随时间的变化，图 6-11 所示为椭球型阀芯和其压盖 1s 时的受力分布。由图 6-9、图 6-10 可见，椭球型阀芯和其压盖上受力分布非常不均匀，最大压力和最小压力差了 3 个数量级，最大压力基本在 $2.72 \times 10^6 \sim 1.38 \times 10^7 Pa$ 之间变化，波动幅度约为 $1.11 \times 10^7 Pa$；最小压力基本在 $6500 \sim 14400 Pa$ 之间变化，波动幅度约为 8000Pa。由图 6-11 可见，阀芯部分受力最小，然后沿着径向向外不断增大。压盖外侧由于约束的缘故，是受力最大的区域。

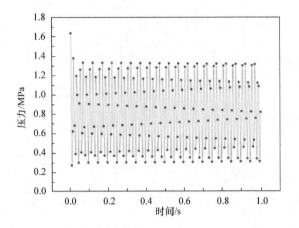

图 6-9　椭球型阀芯和其压盖上最大压力随时间的变化

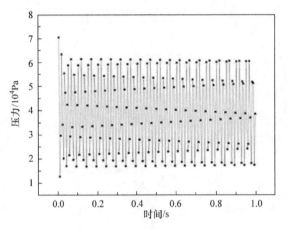

图 6-10　椭球型阀芯和其压盖上最小压力随时间的变化

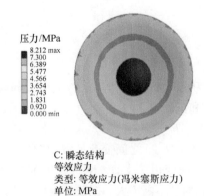

图 6-11　椭球型阀芯和其压盖 1s 时的受力分布

6.2.3 阀门耦合振动测试装置

根据 6.1 节的介绍，阀门的振动根据振动产生的机理可分为外激振动与流激振动。在阀门的实际工作中，这两种形式的振动经常同时发生，对阀门产生耦合振动作用。但目前对阀门的振动研究中，往往只针对流激振动或外激振动，而没有将二者综合考虑，更没有探究二者的区别。针对管道耦合振动已有一些可行的测试装置，但阀门作为一个复杂的装配体与管道存在显著的差异，这使得适用于管道的耦合振动测试装置不能完全适用于阀门的耦合振动测试。

针对上述问题，本节提出了一种用于阀门耦合振动测试的装置及测试方法。该装置及测试方法能够分别考察阀门外激振动、流激振动及二者共同作用时的耦合振动，同时可在振动测试中区分阀门整体振动与由零部件碰撞导致的振动，从而满足了对阀门振动机理的研究需求。

1. 阀门耦合振动测试装置

阀门耦合振动测试装置如图 6-12 所示。该装置由储存罐、动力机械、缓冲罐、流量计、上游控制阀、上游压力表、待测试阀门、下游压力表和下游控制阀依次通过金属管路与耐压软管相连组成流体流动回路。

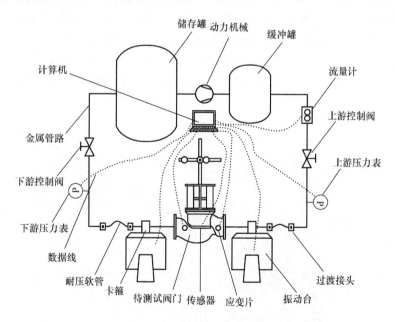

图 6-12　阀门耦合振动测试装置

储存罐用于储存流体，缓冲罐用于平稳压力。动力机械包括水泵、压缩机，用于提供流体流动的动力。对于以液体为工作介质的阀门，动力机械为水泵；对于以气体为工作介质的阀门，动力机械为压缩机。流量计用于测量回路中的流量。上游压力表和下游压力表分别用于测量待测试阀门上下游的压力。在待测试阀门与上游压力表以及待测试阀门与下游压力表之间，各设置了一台振动台。两台振动台通过卡箍分别与待测试阀门上下游的金属管路连接，卡箍夹持在金属管路外侧。在两台振动台与上游压力表、下游压力表之间分别设置有一段耐压软管，流体流动回路中其余管路均采用金属管路，耐压软管与金属管路之间利用过渡接头相连。耐压软管用来隔绝动力机械振动对于待测阀的影响。在待测试阀门上布置有应变片与振动加速度传感器。应变片用于测量待测试阀门在测试过程中的动应变，振动加速度传感器用于测量待测试阀门在测试过程中的振动加速度。

在流体流动回路之外，设有一台计算机，用于数据采集和信号控制。计算机通过数据线分别与流量计、上游压力表、下游压力表、两台振动台、应变片和振动加速度传感器连接。流量计、上游压力表、下游压力表、应变片和振动加速度传感器测量的数据记录在计算机中，同时可通过计算机控制两台振动台输出不同组合形式的振动激励。在待测试阀门上安装有重心调节机构，用于模拟执行机构对阀门的作用。本节所提出的阀门耦合振动测试装置可用于闸阀、截止阀、止回阀、球阀、旋塞阀、蝶阀、隔膜阀、柱塞阀、安全阀、减压阀、调节阀等各类阀门的耦合振动测试。

阀门在实际运行时往往装配有用于调节阀门开度的执行机构。执行机构的质量会显著影响阀门的振动响应，因此研究阀门振动时必须考虑执行机构的影响。然而不同的阀门有不同的执行机构，甚至相同的阀门在不同的应用场合中也有不同的执行机构。仅仅为了对阀门进行振动测试而购买不同类型的执行机构会造成巨大的浪费。本节在测试装置中设置了一种重心调节结构，用于等效替代不同的执行机构，从而降低测试成本，如图 6-13 所示。

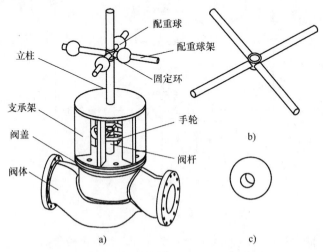

图 6-13　待测试阀门与重心调节机构

a）安装图　b）配重球架　c）配重球

重心调节结构由支承架、立柱、配重球架、固定环和配重球组成，如图 6-13a 所示。立柱焊接于支承架顶面中心，支承架底面通过螺钉与待测试阀门阀盖相连。配重球架如图 6-13b 所示，由四根等长的金属杆沿径向焊接于金属套管外侧组成，四根金属杆相互之间的夹角为 90°，呈十字交叉形状布置。配重球架通过金属套管套于立柱上，配重球架金属套管内径与立柱外径相同。在配重球架金属套管上下各有一个固定环套在立柱上，固定环内径与立柱外径相同。立柱与固定环之间通过螺纹连接，立柱上的螺纹具有一定的长度供固定环上下移动，配重球架金属套管内侧不设螺纹，可以在立柱上自由活动。通过旋转两个固定环，可以调节并固定配重球架在立柱上的高度。配重球为一系列质量不同带有通孔的金属球，如图 6-13c 所示。使用时，可根据需要选择相应质量的配重球套入配重球架上。配重球孔径与配重球架金属杆外径相同。配重球与配重球架金属杆之间通过螺纹连接。金属杆上的螺纹也具有一定的长度，通过旋转配重球可以调节配重球在配重球架金属杆上的位置。配重球架的每条金属杆上均设有一个配重球。

2. 阀门耦合振动测试方法

本节以一种套筒式调节阀为例，介绍阀门耦合振动测试方法。

安装有重心调节结构的套筒式调节阀的外部结构如图 6-13a 所示，套筒式调节阀的内部结构如图 6-14 所示。套筒式调节阀由阀体、阀杆、阀芯和套筒等组成。套筒安装于阀体和阀盖之间，而阀盖与阀体之间通过螺钉连接。由于阀盖与阀体之间的位移限制，套筒在轴向上无法移动。但套筒周向上与阀体之间存在微小间隙，在强烈的冲击下会与阀体发生碰撞。套筒周向上开有漏斗形窗口。假设阀内流体下进上出，则流体从阀门入口流入套筒式调节阀，并通过漏斗形窗口后流出阀门出口。阀芯套于套筒内侧，阀芯的上下移动会改变漏斗形窗口的流通面积。当阀芯移动到最低位置，漏斗形窗口完全被阀芯遮挡，阀门关闭；当阀芯移动到最高位置，漏斗形窗口完全开放，阀门开启到最大程度；当阀芯从最低位置移动到最高位置时，漏斗形窗口从完全关闭到完全开放，阀门开度逐渐增大。通过螺纹连接，阀杆自上而下与手轮、阀盖及阀芯相连接。通过旋转手轮可使阀芯上下移动，从而改变漏斗形窗口被遮挡的面积，进而实现对套筒式调节阀开度的调节。阀芯与套筒之间同样存在微小间隙，在强烈的冲击下也会发生相互之间的碰撞。

阀门耦合振动测试方法的步骤如下：

1）将套筒式调节阀以原始组装形式，即如图 6-14a 所示的套筒式调节阀在正常工作状态时各零部件的组装形式，安装于阀门耦合振动测试装置中，利用螺钉将重心调节机构安装于阀盖上。利用手轮将阀门调节至预先设定的开度。查阅阀门产品手册，确定该套筒式调节阀所匹配的执行机构的质量与重心。选取四个质量相同的配重球，同时使四个配重球、支承架、立柱、配重球架和固定环的总质量与执行机构的质量相同。在三维建模软件中以 1∶1 建立重心调节机构模型，并输入各部件的材料密度，从而计算重心调节机构的重心。在三维软件中，首先调节配重球架在立柱上的高度，直至重心调节机构重心高度与执行机构重心高度相同；接着调节四个配重球在配重球架上的位置，直至重心调节机构重心横向位置与执行机构重心横向位置相同。按照此时三维软件中配重球架在立柱上的高度与四个配重球在配重球架上的位置，调节实际的重心调节机构，从而使重心调节机构等效代替执行机构。

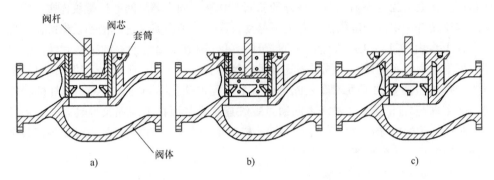

图 6-14　套筒式调节阀的内部结构

a）原始组装形式　b）、c）改装形式

2）打开动力机械，并通过调节上游控制阀和下游控制阀，改变流体流动回路中的流量及套筒式调节阀上下游的压力。

3）待装置运行稳定，通过计算机记录装置中的流量、套筒式调节阀上下游的压力、套筒式调节阀的振动加速度与动应变，由此获得套筒式调节阀在包含流激振动和由零部件碰撞导致的振动时的振动响应。

4）打开两台振动台，利用计算机控制两台振动台输出不同组合形式的振动激励，模拟不同的外激振动。在模拟不同的外激振动时，振动台输出的振动激励形式应参照相应的文献或实验数据。待装置运行稳定后，通过计算机记录装置中的流量、套筒式调节阀上下游的压力、套筒式调节阀的振动加速度与动应变，由此获得套筒式调节阀在包含外激振动、流激振动和由零部件碰撞导致的振动时的振动响应。

5）关闭动力机械，保持两台振动台工作。待装置运行稳定，通过计算机记录套筒式调节阀的振动加速度与动应变，由此获得套筒式调节阀在包含外激振动和由零部件碰撞导致的振动时的振动响应。

6）关闭两台振动台和动力机械，并将套筒式调节阀从装置中拆解下来。对套筒式调节阀进行改装，使阀门零部件之间相互固定，无法碰撞。改装方法包括利用螺纹连接固定阀芯、套筒和阀体等阀门内部零部件（如图 6-14b 所示）和利用焊接固定阀芯、套筒和阀体等阀门内部零部件（如图 6-14c 所示）。将改装后的阀门重新安装于测试装置上，并打开动力机械。待装置运行稳定，通过计算机记录装置中的流量、套筒式调节阀上下游的压力、套筒式调节阀的振动加速度与动应变，由此获得套筒式调节阀在仅包含流激振动时的振动响应。

7）基于改装后的套筒式调节阀重复步骤 4）和步骤 5），由此分别获得套筒式调节阀在包含外激振动和流激振动时的振动响应以及在仅包含外激振动时的振动响应。

8）通过手轮调节阀门开度，通过上游控制阀和下游控制阀调节装置回路中的流量及套筒式调节阀上下游的压力，并重复步骤 2）至 6），获得套筒式调节阀在不同开度、不同流量及不同的阀门上下游压力时的振动响应。

6.3　先导式截止阀的阀芯振动分析

6.3.1　研究模型

先导式截止阀作为一种新型阀门，其结构特性是研究中关注的重点。先导式截止阀的开启过程实际上是阀芯上下表面受力在平衡和不平衡状态之间交替变化，使得阀芯产生幅度较大的振动运动的过程。本节通过分析阀芯的受力状况，并建立阀芯运动的数学模型[40-42]，然后在完全开启或关闭状态下建立 CFD 计算模型，借助用户自定义函数（UDF）程序对阀芯的运动以及运动区域产生或合并的网格进行模拟[43-45]。通过对不同弹簧刚度和入口压力下阀芯振动位移和受力特性曲线进行比较研究，得出了该阀的最佳设计点和适用范围，并总结了弹簧刚度的选择公式。

1. 数学模型

本节所选取的先导式截止阀与本书 3.2 节中的一致，其三维模型如图 3-17 所示。结合数学模型的设计条件，在开展流场模拟工作前先做出如下假设：工作流体是不可压缩的理想流体；不考虑重力场，即可忽略垂直方向的压差；阀门密封性能好，阀体、阀芯和阀座之间无泄漏；弹簧和阀芯紧密连接在一起并处于运动状态。因此，阀芯的受力微分方程可表示为

$$-m\frac{\mathrm{d}^2 y}{\mathrm{d}t^2} = p_\mathrm{e}S - p_\mathrm{i}S + Ky + C_0 + mg + f_0\frac{\mathrm{d}y}{\mathrm{d}t} \tag{6-2}$$

式中，m 是弹簧质量（kg）；y 是阀芯位移（m）；p_i 是阀芯上部压力（Pa）；p_e 是阀芯下部压力（Pa）；K 是弹簧刚度（N/m）；C_0 是初始弹簧张力（N）；f_0 是阻尼系数（N·s/m）；g 是重力加速度（m/s²）；t 是时间（s）；S 是阀芯底部面积（m²）。

开启压差由其重力 mg 和弹簧的初始段张力 C_0 确定，在阀芯运动期间，两者都保持不变。因此，它们可以开启压差与面积的乘积来表示。忽略流体阻力，式（6-2）可以简化为

$$-m\frac{\mathrm{d}^2 y}{\mathrm{d}t^2} = p_\mathrm{e}S - p_\mathrm{i}S + Ky + \Delta pS \tag{6-3}$$

式中，Δp 是压差（Pa）。

将阀芯的受力微分方程离散化并进行变换后，加速度方程可表示为

$$a_t = \frac{(p_i - p_e - \Delta p)S - Ky_t}{m} \quad (6-4)$$

式中，a_t 是阀芯在 t 时刻的加速度（m/s^2）；y_t 是阀芯在 t 时刻的位移（m）。

当阀芯位于底部或顶部极限位置时，其运动将受到其自身结构的限制，因此必须以分段函数的形式描述其速度：

$$v_{t+1} = \begin{cases} a_t\Delta t & a_t > 0, y_t = 0 \\ 0 & a_t < 0, y_t = 0 \\ v_t + a_t\Delta t & a_t < y_t < y_{max} \\ 0 & a_t > 0, y_t = y_{max} \\ a_t\Delta t & a_t < 0, y_t = y_{max} \end{cases} \quad (6-5)$$

式中，Δt 是时间步（s）；v_t 是阀芯在 t 时刻的速度（m/s）；y_{max} 是阀芯的最大位移（m）。

同样，考虑到位移受几何结构限制，我们需要一个中间变量来判断下一时刻的位移，因此位移方程可以表示为

$$y_{t+1} = \begin{cases} 0 & y_{s-t} \leqslant 0 \\ y_{s-t} & 0 < y_{s-t} < y_{max} \\ y_{max} & y_{s-t} \geqslant y_{max} \end{cases} \quad (6-6)$$

式中，y_{s-t} 是阀芯在 t 时刻的中间位移（m），$y_{s-t} = y_t + v_{t+1}\Delta t$。

2. 网格划分及边界条件

本节建立了 DN 100 先导式截止阀的三维流场模型，并将其导入 GAMBIT 中来划分流场网格，如图 6-15 所示。流场网格分为五个部分：入口、出口和先导管三个部分用结构化网格进行划分，而另外两部分使用非结构化网格，以便于随着阀芯运动更新网格。以压差为判断参数，进行了网格独立性验证和网格质量检查，网格尺寸变化范围为 2 ~ 10mm。随着网格尺寸变小，压差的浮动比例变得更稳定；同时考虑到准确性和计算效率，并将压差偏差限制在 2% 以内。根据计算结果，选择尺寸为 6mm的非结构化网格。

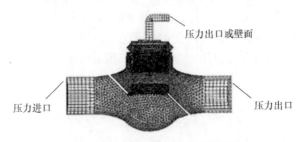

图 6-15　先导式截止阀的数值模型

CFD 计算模型和边界条件设置 [46, 47] 如图 6-15 所示。模型的边界条件指定为压力入口、压力出口和壁面边界条件。对于开启和关闭过程，先导管的边界条件分别设为压力出口（开启过程）和壁面边界条件（关闭过程）。数学计算采用基于雷诺时均 Navier-Stokes 方程和标准 k-ε 湍流模型的基本方程。采用有限体积法和二阶迎风格式计算近壁面区域问题，而速度场与应力场的耦合计算则基于 SIMPLE 算法。

根据公式（6-4）～式（6-6），编写 UDF 程序以驱动阀芯运动。由于计算域随阀芯的瞬态位置而变化，因此需要在下一次迭代之前及时更新网格。网格再生的基本思想如下：

1）每两个网格节点之间的边缘可以理想化为连接两个节点的弹簧。因此，随着边界节点的移动两个节点之间将产生与位移成正比的力。根据胡克定律，节点上的合力可写为

$$F = \sum_{j}^{N_i} k_{ij} \left(\Delta y_j - \Delta y_i \right) \tag{6-7}$$

式中，N_i 是与节点 i 相邻的节点数；k_{ij} 是节点 i 和 j 之间的弹簧刚度（N/m），$k_{ij} = 1/\sqrt{\left| y_i - y_j \right|}$；$\Delta y_i$ 是节点 i 的位移（m）。

2）基于力平衡，节点上的合力为 0，因此迭代表达式为

$$\Delta y_i^{(t+1)} = \sum_{j}^{N_i} k_{ij} \Delta y_j^{(t)} / \sum_{j}^{N_i} k_{ij} \tag{6-8}$$

3）边界节点的位置可由式（6-4）和式（6-6）确定。在时间步长更新之后，内部节点的位置可以通过式（6-8）的雅可比行列式得到：

$$y_i^{(t+1)} = y_i^{(t)} + \Delta y_i^{(t+1)} \tag{6-9}$$

4）检查网格的长度，当变形率或最长和最短的网格长度超出范围时，将重新生成网格。

6.3.2　阀芯运动特性研究

1. 稳态流场分析

阀芯在 0.3s 时称平面上的等压线图和等速度线图分别如图 6-16 和图 6-17 所示。弹簧刚度 $K = 40000\mathrm{N/m}$，入口总压力 $p = 280\mathrm{kPa}$，出口压力 $p = 0\mathrm{kPa}$。从总体上看，内部流场很复杂，但入口和出口流场却相对稳定。入口压力静压为 271kPa，入口速度为 4.18m/s。由于阀门内部存在流阻，因此流道中存在压降。当流体流到阀座底部时，一部分流体逐渐停滞，同时静压上升到最高值 279kPa；另一部分流体分别沿先导管和出口流出。从先导管流出的流体在流过孔口后，速度迅速增加，压力明显降低，因此在高速区的两侧都有旋涡；但由于计算模型简化了实际模型中的弹簧，故实际中可

能不存在旋涡。阀芯和阀座之间的节流区域周围的速度最高为 19m/s，如果在相应的温度下压力降至饱和蒸气压，则可能会发生空化现象。此后，速度降低，压力逐渐升高，流体在出口区域附近流动趋于稳定。

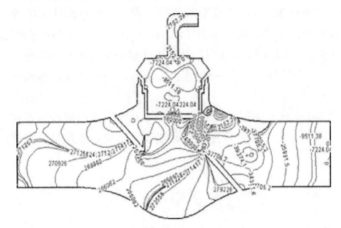

图 6-16　对称平面上的等压线图（$t = 0.3s$）

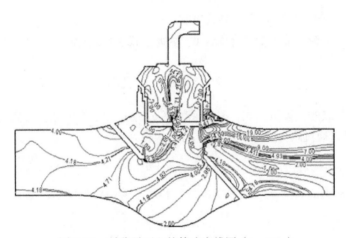

图 6-17　对称平面上的等速度线图（$t = 0.3s$）

结果表明，阀芯底面孔口产生的压差会推动阀芯运动，并使主阀在相对较短的时间内开启。这些功能的实现是与简化结构的设计理念以及迅速的启闭过程相匹配的。同时，相对稳定的进出口流场也可以满足工程应用的需要。

2. 不同入口压力下的开启过程分析

通过对相同弹簧刚度 $K = 40000N/m$ 下不同入口压力的先导式截止阀进行数值模拟，可以获得三种不同的开启过程。通过分析这些过程及其开启特性，可以获得阀门的最佳设计点和应用工况。

当入口压力小于一定值时，开启力将小于弹簧的初始张力和阀芯上重力之和，所以阀芯无法移动，阀门保持关闭。模拟结果显示，临界入口压力值为 0.01MPa。因此，如果入口压力小于 0.01MPa，则无法打开阀芯，即阀芯位移曲线为位移等于零的直线。

当阀芯在上下表面压差作用下向上移动时，由于动压损失而导致静压降低，并且弹簧力随着阀芯位移的增加而增加。当阀芯重力与弹簧力的合力大于由压差引起的力，则阀芯在外力的作用下先减速至零，然后将向下运动。此时，弹簧力将减小，静压力将增加。如果由压差引起的力大于合力，则阀芯将再次向上运动。因此，阀芯在自身重力、弹簧力以及上下表面流体力的反复作用下形成波动的开启过程。

从图 6-18 中可以看出，阀芯的位移首先在一定的入口压力作用下达到极值，然后发生波动，振幅随时间的推移而减小，而频率随时间逐渐增大，最终达到稳定。随着入口压力的增加，阀芯位移的初始值和最终稳定值增大，而波动幅度减小，波动时间逐渐变短。

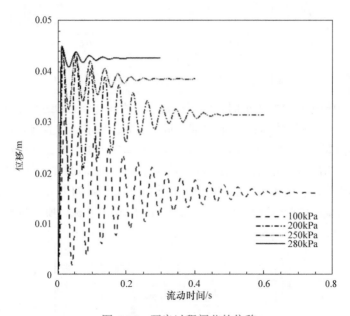

图 6-18　开启过程阀芯的位移

从图 6-19 中可以看出，作用在阀芯上的力先达到极大的正值，然后迅速减小，然后发生波动，其波动规律与图 6-18 中的波动相似。随着静态入口压力的增加，波动幅度增加，波动幅度减小，波动时间逐渐变短。最终，无论入口压力如何，由于受平衡力作用，阀芯受合力均将稳定在 0N。

通过分析，弹簧刚度 K = 40000N/m 的阀门的最佳开启压力为 280kPa。在这种情况下，阀芯的波动最小，开启时间最短。因此，在设计和操作过程中应尽可能地使阀门处于最佳工作状态，如图 6-18 和图 6-19 所示的 280kPa 和 250kPa 时的情况；应尽量避免出现阀芯过度波动的现象，如图 6-18 和图 6-19 所示中所示的 200kPa 和 100kPa 的情况。

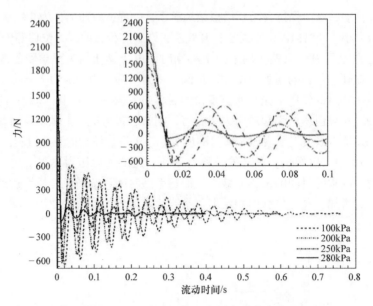

图 6-19　开启过程作用在阀芯上的合力

当入口压力超过某个临界值时，作用在阀芯上的开启合力始终大于零。此时，在开启过程中阀芯没有任何波动，并且开启时间非常短。阀芯可以直接快速达到最大位移。快速开启时阀芯的位移如图 6-20 所示，作用在阀芯上的合力如图 6-21 所示。由两图可知，随着入口压力的增加，开启时间缩短并且最大开度时的推动合力增大。分析表明，该阀适用于推动合力相对较小的情况，如图 6-20 和图 6-21 所示的 300kPa。应避免会对阀芯顶部其他部件产生较大冲击的工况，如图 6-20 和图 6-21 所示的 800kPa。

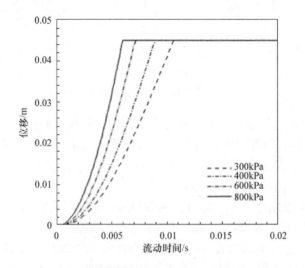

图 6-20　快速开启时阀芯的位移

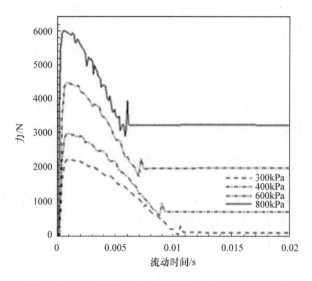

图 6-21　快速开启时作用在阀芯上的合力

3. 不同弹簧刚度和入口压力下的开启过程分析

为了获得弹簧刚度 K、入口压力 p 和阀芯位移 y 的关系，本节模拟了在不同弹簧刚度和入口压力下的开启过程。在不同弹簧刚度和入口压力下阀芯稳定后的位移如图 6-22 所示。

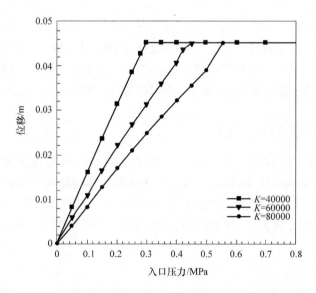

图 6-22　在不同的弹簧刚度和入口压力下阀芯稳定后的位移

在弹簧刚度 K 相同的情况下，当入口压力相对较低时，尽管阀芯在开启过程中会上下波动（见图 6-18），但阀芯稳定后的位移与入口压力基本呈线性关系（见图 6-22），关系如式（6-10）所示。当静态入口压力较高时，阀芯位移直接达到最大值，如图 6-22 中的水平线所示。水平线和斜线分别对应于有波动的开启阶段和快速开启阶段。

$$y_i = K_i p \qquad\qquad (6\text{-}10)$$

在相同的静态入口压力 p 的情况下，当阀芯未达到最大开度时，阀芯的位移与弹簧刚度成反比，如式（6-11）所示。

$$y_j = \frac{K_i}{K_j} y_i \qquad\qquad (6\text{-}11)$$

式（6-10）和式（6-11），i、j 分别代表节点 i、j；y_i、y_j 分别代表节点 i、j 的位移；K_i、K_j 分别代表节点 i、j 的弹簧刚度系数。

基于式（6-10）和式（6-11），不同弹簧刚度和静态入口压力下阀芯位移可以表示为式（6-13）。

$$y_j = \frac{K_i}{K_j} K_i p \qquad\qquad (6\text{-}12)$$

由于已知最佳设计点在曲线的拐点处，因此可以将上式用作选择初始弹簧刚度的设计基础，以减少设计变量。

综上，数值模拟结果表明，在先导式截止阀设计过程中应选择适当的弹簧刚度，以确保阀芯可以在最佳设计条件下工作，该条件也是具有相应公称压力的波动开启和快速开启之间的拐点。正确的设计可以实现阀芯更大的开启位移、更短的开启时间，并且对阀芯顶部其他部件没有影响，同时阀门所在的管路系统中波动也较小。

此外，设计完成时，必须严格遵守先导式截止阀的应用范围，以免阀芯过大波动以及静态入口压力过低和过高而对阀芯顶部其他部造成较大冲击，从而延长使用寿命。

6.4　主给水调节阀抗震分析

在核电领域，地震是安全性评估中必须要考虑的外部自然灾害。2007 年的柏崎·刘羽核电站事故与 2011 年的福岛第一核电站事故均是源于核电设备抗震能力不足的典型案例。阀门作为核电站回路系统不可缺少的一部分，对其开展抗震分析具有实际而重要的意义。本节以一种主给水调节阀为例，介绍了阀门抗震分析的基本流程。

6.4.1　研究模型

1. 几何模型

本节所讨论的主给水调节阀的几何模型如图 6-23 所示，其主要由阀体阀盖、阀杆、阀芯、套筒和支架组成，阀体公称通径为 DN 450。相较于本书 2.1 节，本节额外考虑了用于支撑执行机构的支架。支架与执行机构对阀内流体流动无影响，但由于执行机构的质量相对于主给水调节阀本身不可忽视，因此二者对于主给水调节阀固有频率的计算与应力评定有着显著的影响。为简化模型，本节采用设置质量点替代执行机构对主给水调节阀的影响。在实际情况中，阀杆与执行机构通过对夹块固定连接，执行机构与支架通过螺栓连接。在本节中，由于执行机构以质量点表示，因此将阀杆延长至支架上横板，通过将阀杆与支架直接连接替代实际情况中的装配关系。阀体通过焊接或法兰连接与出入口管段相连接，从而装配到回路系统，因此在本节中，还额外考虑了长度均为 500mm 的出入口管段。

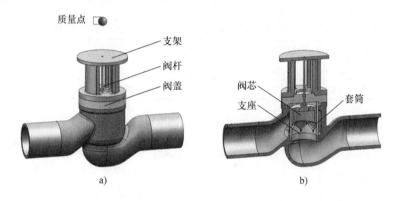

图 6-23　主给水调节阀的几何模型

a）整体视图　b）剖视图

2. 计算模型

本节所选主给水调节阀的设计压力为 12.4MPa，设计温度为 250℃，核安全级别为 SC-3，抗震类别为 I。各部件所采用材料的性能见表 6-4，各材料所对应的材料性能参数均来自 ASME BPVC 2019 第 2 卷 D 篇。表 6-4 中，E 为弹性模量；μ 为泊松比；ρ 为密度；T 为使用温度；S 为许用应力。本节应力评定遵循 RCC-M 2007。依据 RCC-M 2007 C3383 的规定，阀门在各使用限制下的应力限值见表 6-5。表 6-5 中，σ_m 为总体薄膜应力；σ_L 为局部薄膜应力；σ_{bb} 为弯曲应力；S 为许用应力。由于主给水调节阀抗震类别为 I，要求在事故工况下执行相关功能，为确保事故工况下的总体薄膜应力限制在弹性范围内，事故工况的载荷组合采用 B 级准则进行评定。由于主给水调节阀安全级别为 SC-3，因此根据 RCC-M 2007 的规定，遵循第一强度理论（即最大主应力理论）对其进行应力评定。

3. 网格划分及数值模拟设置

本节基于 ANSYS Workbench 对主给水调节阀先后进行固有频率计算与应力评定，从而对其抗震性能进行分析。图 6-24 所示为固有频率计算和应力评定时所采用的离散模型。该离散模型对出入口管段、阀座和阀芯采用六面体单元（Solid186）进行划分，对阀体、阀盖、套筒和支架采用四面体与六面体混合单元（Solid186 + Solid187）进行划分。各零部件间均采用绑定约束（bonded），接触面上采用 TARGE170 与 CON-TA174 接触单元。固有频率计算时，单元总数为 233832，单元节点总数为 816919；应力评定时，单元总数为 226762，单元节点总数为 777665。

表 6-4   各部件所采用材料的性能

部件	材料	E/MPa	μ	ρ /（kg/m³）	T/℃	S/MPa
阀体	SA-217 WC6	1.90×10^5	0.30	7750	250	138
阀座	SA-479 410	1.86×10^5	0.31	7750	250	131
阀芯	SA-182 F11	1.90×10^5	0.30	7750	250	138
阀杆	SA-182 F6a	1.86×10^5	0.31	7750	250	159
阀盖	SA-182 F11	1.90×10^5	0.30	7750	250	138
支架	SA-217 WC6	1.90×10^5	0.30	7750	250	138
套筒	SA-479 XM-19	1.79×10^5	0.31	8030	250	243

表 6-5   阀门在各使用限制下的应力限值

使用限制	应力类别	应力限值
O 级或 A 级	σ_m	S
	（σ_m 或 σ_L）+ σ_{bb}	$1.5S$
B 级	σ_m	$1.1S$
	（σ_m 或 σ_L）+ σ_{bb}	$1.65S$
C 级	σ_m	$1.5S$
	（σ_m 或 σ_L）+ σ_{bb}	$1.8S$
D 级	σ_m	$2S$
	（σ_m 或 σ_L）+ σ_{bb}	$2.4S$

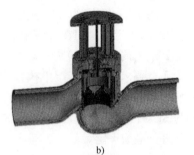

a)   b)

图 6-24   离散模型

a）整体视图   b）剖视图

图 6-25 所示为应力评定时的载荷施加方式：对出入口管段端面施加固定约束；对主给水调节阀内部与流体接触的壁面施加均匀压力，$p_{max} = 1.2p = 14.88\text{MPa}$，其中 $p = 12.4\text{MPa}$ 为设计压力；对支架上横板上端面作用一个质量为 1400kg 的质量点，质量点位于支架上横板上端面中心上方 684mm 处；对全场施加重力加速度 $g = 9810\text{mm/s}^2$；对全场同时施加三向惯性加速度 $a_x = a_y = a_z = 6g = 58860\text{mm/s}^2$。固有频率计算时，对出入管段端面施加固定约束；对支架上横板上端面作用一个质量为 1400kg 的质量点，质量点位于支架上横板上端面中心上方 684mm 处。

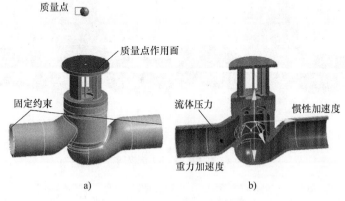

图 6-25　应力评定时的载荷施加方式
a）整体视图　b）剖视图

6.4.2　固有频率计算与应力评定

1. 固有频率计算

主给水调节阀的前六阶固有频率见表 6-6。由表 6-6 可知，主给水调节阀的一阶固有频率为 35.825Hz，高于常见地震最高频率 33Hz，因此根据 RCC-M 2007 可采用等效静力法对主给水调节阀进行抗震分析。图 6-26 所示为主给水调节阀一阶振型。由图 6-26 可见，主给水调节阀在一阶固有频率激励下最大位移出现于支架上横板边缘处，这说明执行机构与支架对主给水调节阀固有频率计算影响显著，不可忽视。

表 6-6　主给水调节阀前六阶固有频率

阶数	1	2	3	4	5	6
固有频率 /Hz	35.825	46.909	124.08	173.52	298.64	309.74

2. 应力评定

主给水调节阀的最大主应力分布如图 6-27 所示。由图 6-27 可见，在当前载荷条件下，该主给水调节阀最大主应力极大值出现于套筒靠近阀门入口的窗口底部，其值为 496.41MPa。由图 6-27 还可以看出，除了套筒上极小的一片区域内应力值较高外，该阀其他部分的应力水平普遍较低。因此，考虑到经济性，可对套筒选取许用应力较高的材料，而其他部件选用许用应力较低的材料，见表6-4。同时，虽然阀体、阀盖及支架上应力分布总体较为均匀，但是阀盖及支架上的应力水平明显低于阀体上的应力水平，故可通过削减阀盖与支架厚度以减小质量，达到节省材料的目的。

总形变/mm

| 0.50899 | 0.39588 | 0.28277 | 0.16966 | 0.05655 |

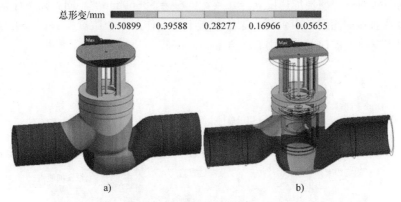

图 6-26　主给水调节阀一阶振型

a）整体视图　b）剖视图

最大主应力/MPa

| 496.41 | 376.33 | 256.24 | 136.16 | 16.074 |

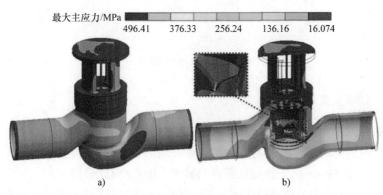

图 6-27　主给水调节阀最大主应力分布

a）整体视图　b）剖视图

套筒上的最大主应力分布及应力线性化如图6-28所示。由图6-28可见，套筒上高应力区分布于窗口的拐角处，而除此之外的绝大多数部位应力水平显著较低。因此，可通过增大窗口附近的结构厚度以及削减远离窗口处的结构厚度，从而实现对套筒进行进一步的优化。套筒上的最大主应力为496.41MPa，高于套筒材料（SA-479 XM-19）在当前温度（250℃）下的许用应力值（243MPa），所以必须进行应力线性化评定。应力评定线穿过套筒上最大主应力极大值部位，沿着套筒最小厚度方向。套筒应力评定结果见表6-7。评定结果合格，说明套筒强度在当前结构及载荷下满足使用要求。

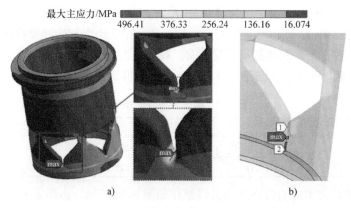

图 6-28　套筒上的最大主应力分布及应力线性化

a）最大主应力分布　b）应力线性化

表 6-7　套筒应力评定结果

应力分类及准则	计算结果 /MPa	许用值 /MPa	评定结果
$\sigma_m \leqslant 1.1S$	136.32	267.30	合格
$\sigma_m + \sigma_{bb} \leqslant 1.65S$	237.50	400.95	合格

阀体上的最大主应力分布及应力线性化如图 6-29 所示。由图 6-29 可见，阀体上高应力区分布于不同腔体的交界处。最大主应力极大值位于入口流道腔与底腔交界

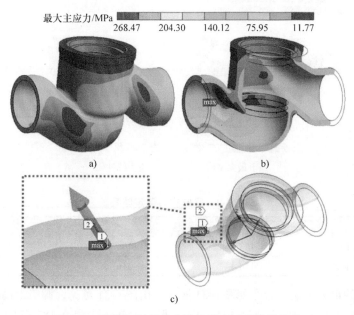

图 6-29　阀体上的最大主应力分布及应力线性化

a）最大主应力分布（整体视图）　b）最大主应力分布（剖视图）　c）应力线性化

处，其值为 268.47MPa，高于阀体材料（SA-217 WC6）在当前温度（250℃）下的许用应力值（138MPa），所以必须进行应力线性化评定。应力评定线穿过阀体上最大主应力极大值部位，沿着阀体最小厚度方向。阀体应力评定结果见表 6-8 所示。评定结果合格，说明阀体强度在当前结构及载荷下满足使用要求。

表 6-8　阀体应力评定结果

应力分类及准则	计算结果 /MPa	许用值 /MPa	评定结果
$\sigma_m \leqslant 1.1S$	66.40	151.8	合格
$\sigma_m + \sigma_{bb} \leqslant 1.65S$	187.69	227.7	合格

阀座上的最大主应力分布及应力线性化如图 6-30 所示。由图 6-30 可见，阀座上高应力区位于阀座内侧与底部交界处，最大主应力极大值为 141.88MPa，高于阀座材料（SA-479 410）在当前温度（250℃）下的许用应力值（131MPa），所以必须进行应力线性化评定。应力评定线穿过阀座上最大主应力极大值部位，沿着阀座最小厚度方向。阀座应力评定结果见表 6-9，评定结果合格，说明阀座强度在当前结构及载荷下满足使用要求。

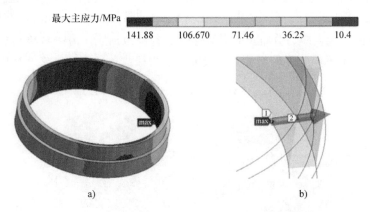

最大主应力/MPa
141.88　106.670　71.46　36.25　10.4

a)　　　　　　　b)

图 6-30　阀座上的最大主应力分布及应力线性化
a）最大主应力分布　b）应力线性化

表 6-9　阀座应力评定结果

应力分类及准则	计算结果 /MPa	许用值 /MPa	评定结果
$\sigma_m \leqslant 1.1S$	123.37	144.10	合格
$\sigma_m + \sigma_{bb} \leqslant 1.65S$	140.44	216.15	合格

阀盖上的最大主应力分布如图 6-31 所示。由图 6-31 可见，阀盖上高应力区位于阀盖内侧，最大主应力极大值为 79.86MPa，低于阀盖材料（SA-182 F11）在当前温度（250℃）下的许用应力值（138MPa），满足使用要求。为了提高评定可靠性，对其进

行了应力线性化评定，应力评定线穿过阀盖上最大主应力极大值部位，沿着阀盖最小厚度方向。阀盖应力评定结果见表 6-10。评定结果合格。由表 6-10 可知，阀盖应力水平远低于材料许用应力，故其厚度可大幅削减以减小质量，或选用许用应力更低的材料以降低成本。

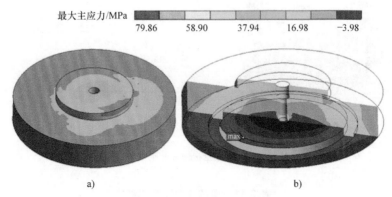

图 6-31　阀盖上的最大主应力分布

a）最大主应力分布（整体视图）　b）最大主应力分布（剖视图）

表 6-10　阀盖应力评定结果

应力分类及准则	计算结果 /MPa	许用值 /MPa	评定结果
$\sigma_m \leq 1.1S$	19.10	151.80	合格
$\sigma_m + \sigma_{bb} \leq 1.65S$	42.68	227.70	合格

　　阀芯上的最大主应力分布及应力线性化如图 6-32 所示。由图 6-32 可见，阀芯上高应力区位于阀芯与阀杆交界处，最大主应力极大值为 114.37MPa，低于阀芯材料（SA-182 F11）在当前温度（250℃）下的许用应力值（138MPa），满足使用要求。为了提高评定可靠性，对其进行了应力线性化评定，应力评定线穿过阀芯上最大主应力极大值部位，沿着阀芯最小厚度方向。阀芯应力评定结果见表 6-11，评定结果合格。由表 6-11 可知，阀芯应力水平远低于材料许用应力，故其厚度可大幅削减以减小质量，或选用许用应力更低的材料以降低成本。

　　阀杆上的最大主应力分布及应力线性化如图 6-33 所示。由图 6-33 可见，阀杆上高应力区位于阀芯与阀杆交界处，最大主应力极大值为 130.40MPa，低于阀杆材料（SA-182 F6a）在当前温度（250℃）下的许用应力值（159MPa），满足使用要求。为了提高评定可靠性，对其进行了应力线性化评定，应力评定线穿过阀杆上最大主应力极大值部位，沿着阀杆最小厚度方向。阀杆应力评定结果见表 6-12，评定结果合格。由表 6-12 可知，阀杆应力水平远低于材料许用应力，故其厚度可大幅削减以减小质量，或选用许用应力更低的材料以降低成本。

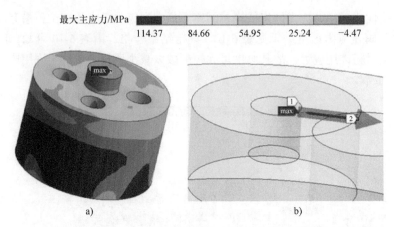

图 6-32　阀芯上的最大主应力分布及应力线性化

a）最大主应力分布（整体视图）　b）应力线性化

表 6-11　阀芯应力评定结果

应力分类及准则	计算结果 /MPa	许用值 /MPa	评定结果
$\sigma_m \leq 1.1S$	7.19	151.80	合格
$\sigma_m + \sigma_{bb} \leq 1.65S$	31.80	227.70	合格

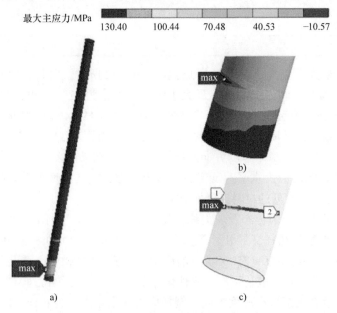

图 6-33　阀杆上的最大主应力分布及应力线性化

a）最大主应力分布（整体视图）　b）最大主应力分布（局部视图）　c）应力线性化

表 6-12　阀杆应力评定结果

应力分类及准则	计算结果 /MPa	许用值 /MPa	评定结果
$\sigma_{\mathrm{m}} \leqslant 1.1S$	41.73	174.90	合格
$\sigma_{\mathrm{m}} + \sigma_{\mathrm{bb}} \leqslant 1.65S$	69.18	262.35	合格

支架上的最大主应力分布及应力线性化如图 6-34 所示。由图 6-34 可见，支架高应力区位于支架上横板与立柱交界处，最大主应力极大值为 118.20MPa，低于支架材料（SA-217 WC6）在当前温度（250℃）下的许用应力值（138MPa），满足使用要求。为了提高评定可靠性，对其进行了应力线性化评定，应力评定线穿过支架上最大主应力极大值部位，沿着支架最小厚度方向。支架应力评定结果见表 6-13，评定结果合格。由表 6-13 可知，支架应力水平远低于材料许用应力，故其厚度可大幅削减以减小质量，或选用许用应力更低的材料以降低成本。

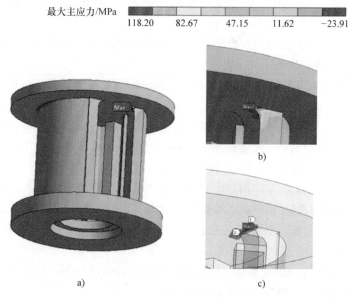

图 6-34　支架上的最大主应力分布及应力线性化
a）最大主应力分布（整体视图）　b）最大主应力分布（局部视图）　c）应力线性化

表 6-13　支架应力评定结果

应力分类及准则	计算结果 /MPa	许用值 /MPa	评定结果
$\sigma_{\mathrm{m}} \leqslant 1.1S$	59.35	151.8	合格
$\sigma_{\mathrm{m}} + \sigma_{\mathrm{bb}} \leqslant 1.65S$	83.50	227.7	合格

综上，分析结果表明，该主给水调节阀在工作载荷及约束条件下，一阶固有频率为 35.83Hz，满足采用等效静力法进行抗震分析的条件。该主给水调节阀最大主应

力位于套筒上靠近阀门入口的窗口底部，其值为 496.41MPa。通过线性化应力评定可知，该主给水调节阀各部件强度均满足使用强度。同时，阀盖、阀芯、阀杆及支架整体应力水平较低，其厚度可大幅削减以减小质量，或选用许用应力更低的材料以降低成本。套筒窗口附近的结构厚度可进一步增加以降低应力水平提升安全性，而远离窗口处的结构厚度可适当削减以减小质量，节约材料。

参考文献

[1] 刘洪宇，张晓琪，阎耀保 . 振动环境下双级溢流阀的建模与分析 [J]. 北京理工大学学报，2015，35（1）: 13-18.

[2] 王春民，袁洪滨，罗大亮，等 . 一种自锁阀在振动与冲击环境下的特性研究 [J]. 强度与环境，2014，41（5）: 17-23.

[3] 殷晨波，房剑飞，叶民镇，等 . 振动环境下直动式溢流阀的建模与特性 [J]. 中国工程机械学报，2016，14（4）: 300-304，315.

[4] 杨忠炯，包捷，周立强 . 随机振动下电磁换向阀的动态特性研究 [J]. 华中科技大学学报（自然科学版），2016，44（6）: 13-17，51.

[5] PETTIGREW M J，PAIDOUSSIS M P. Flow-induced vibration [M]. New York : Van Nostrand Reinhold Co，1977.

[6] WEAVER D S，ZIADA S，AU-YANG M K，et al. Flow-induced vibrations in power and process plant components - progress and prospects [J]. Journal of Pressure Vessel Technology，Transactions of the ASME，2000，122（3）: 339-348.

[7] 王永洲，杨锐，张运龙 . 调节阀振动原因分析及防范措施 [J]. 阀门，2009（5）: 44-45.

[8] 徐登伟 . 高温高压先导式蒸汽疏水阀流体诱导振动研究 [D]. 兰州：兰州理工大学，2012.

[9] 王远成，吴文权 . 基于 RNG k-ε 湍流模型钝体绕流的数值模拟 [J]. 上海理工大学学报，2004（6）: 519-523.

[10] ERDBRINK C D. Modelling flow-induced vibrations of gates in hydraulic structures [J]. Journal of Hydroinformatics，2014，16（1）: 189-206.

[11] 王海民，孔祥帅，刘欢 . 三偏心蝶阀振动特性分析 [J]. 振动与冲击，2018，37（5）: 202-206，212.

[12] 叶志烜，胡春艳，刘建峰，等 . 基于动网格的蝶阀启闭过程的数值模拟研究 [J]. 流体机械，2018，46（4）: 29-33.

[13] BILLETER P. Properties of single shear layer instabilities and vortex-induced excitation mechanisms of thick plates [J]. Journal of Fluids and Structures，2004，19（3）: 335-348.

[14] 李建伟，钟苏，王治国，等 . 混流式水轮机进水管蝶阀活门裂纹分析 [J]. 河海大学学报（自然科学版），2014，42（5）: 451-454.

[15] 卢志明，罗剑平，刘宇陆 . 槽道湍流中流体质点弥散的修正拉格朗日随机模型和 DNS 验

证 [C] // 庆祝中国力学学会成立 50 周年暨中国力学学会学术大会 . 北京：中国力学学会，2007.

[16] 王福军 . 流体机械旋转湍流计算模型研究进展 [J]. 农业机械学报，2016，47（2）：1-14.

[17] 李树勋，王天龙，徐晓刚，等 . 高压降套筒式蒸汽疏水阀振动特性研究 [J]. 振动与冲击，2018，37（4）：147-152.

[18] 王伟波 . 高压降迷宫套筒组合调节阀瞬态流场及涡激振动模拟研究 [D]. 兰州：兰州理工大学，2018.

[19] GALBALLY D，GARCíA G，HERNANDO J，et al. Analysis of pressure oscillations and safety relief valve vibrations in the main steam system of a Boiling Water Reactor [J]. Elsevier B.V.，2015，293：258-271.

[20] TONON D，HIRSCHBERG A，GOLLIARD J，et al. Aeroacoustics of Pipe Systems with Closed Branches [J]. SAGE Publications，2011，10（2-3）：201-275.

[21] ZIADA S，LAFON P. Flow-excited acoustic resonance excitation mechanism, design guidelines, and counter measures [J]. Applied Mechanics Reviews，2014，66（1）：325-330.

[22] 徐峥，王德忠，王志敏，等 . 核电站主蒸汽隔离阀气流诱发振动与噪声的数值分析 [J]. 原子能科学技术，2010，44（1）：48-53.

[23] 徐峥，王德忠，张继革，等 . 主蒸汽隔离阀管系振动与噪声分析 [J]. 上海交通大学学报，2010，44（1）：95-100.

[24] ZHANG S，LI S. Cavity shedding dynamics in a flapper–nozzle pilot stage of an electro-hydraulic servo-valve：Experiments and numerical study [J]. Energy Conversion and Management，2015，100：370-379.

[25] JIN Z J，GAO Z X，QIAN J Y，et al. A parametric study of hydrodynamic cavitation inside globe valves [J]. Journal of Fluids Engineering，Transactions of the ASME，2018，140（3）：031208.

[26] 王国玉，刘淑艳，曹树良，等 . 高速水流中旋涡空化所引起的空蚀和振动 [J]. 工程热物理学报，2002（6）：707-710.

[27] YI D Y，LU L，ZOU J，et al. Interactions between poppet vibration and cavitation in relief valve [J]. Proceedings of the Institution of Mechanical Engineers Part C-Journal of Mechanical Engineering Science，2015，229（8）：1447-1461.

[28] 张圣卓 . 喷嘴挡板伺服阀前置级流场瞬态气穴及其流致现象研究 [D]. 哈尔滨：哈尔滨工业大学，2016.

[29] ZHANG D，ENGEDA A，HARDIN J R，et al. Experimental study of steam turbine control valves [J]. SAGE Publications，2004，218（5）：493-507.

[30] MORITA R，INADA F，MORI M，et al. CFD simulations and experiments of flow fluctuations around a steam control valve [J]. Journal of Fluids Engineering，Transactions of the

ASME, 2007, 129（1）: 48-54.

[31] ZENG L, LIU G, MAO J, et al. A novel numerical simulation method to verify turbulence models for predicting flow patterns in control valves [J]. The Japan Society of Mechanical Engineers, 2015, 10（1）: JFST10007.

[32] WANG P, MA H, QUAY B, et al. Computational fluid dynamics of steam flow in a turbine control valve with a bell-shaped spindle [J]. Applied Thermal Engineering, 2018, 129: 1333-1347.

[33] 马玉山, 傅卫平, 屠珊, 等. 预启式调节阀振动的试验研究 [J]. 仪器仪表学报, 2010, 31（12）: 2828-2835.

[34] 吴一红, 王晶成. 管阵流体弹性不稳定性分析 [J]. 应用力学学报, 1993（2）: 15-21, 122.

[35] 叶奇昉, 严诗杰, 陈江平, 等. 气动先导式电磁阀的自激振动 [J]. 机械工程学报, 2010, 46（1）: 115-121.

[36] 王剑中, 陈二锋, 余武江, 等. 气动阀门自激振动机理及动态稳定性 [J]. 航空动力学报, 2014, 29（6）: 1490-1497.

[37] 李光飞, 刘桓龙, 邓斌, 等. 液动力对锥阀振动特性的影响 [J]. 机床与液压, 2014, 42（5）: 28-30, 44.

[38] HÖS C J, CHAMPNEYS A R, PAUL K, et al. Dynamic behavior of direct spring loaded pressure relief valves in gas service: Model development, measurements and instability mechanisms [J]. Journal of Loss Prevention in the Process Industries, 2014, 31: 70-81.

[39] HÖS C J, CHAMPNEYS A R, PAUL K, et al. Dynamic behaviour of direct spring loaded pressure relief valves: III valves in liquid service [J]. Journal of Loss Prevention in the Process Industries, 2016, 43: 1-9.

[40] FU L, WEI J, QIU M. Dynamic characteristics of large flow rating electro-hydraulic proportional cartridge valve [J]. Chinese Journal of Mechanical Engineering（English Edition）, 2008, 21（6）: 57-62.

[41] XIANG Z, TAO G L, XIE J W, et al. Simulation and experimental investigation on pressure dynamics of pneumatic high-speed on/off valves [J]. Zhejiang Daxue Xuebao（Gongxue Ban）/ Journal of Zhejiang University（Engineering Science）, 2008, 42（5）: 845-857.

[42] ZHOU Y, LIU J G, CAI Y, et al. Modeling, validation and optimal design of the clamping force control valve used in continuously variable transmission [J]. Chinese Journal of Mechanical Engineering（English Edition）, 2008, 21（4）: 51-55.

[43] CHEN Q. Numerical investigation of internal flow in hydraulic valves and dynamic interactions in hydraulic systems with CFD and simplified simulation methods [D]. Darmstadt: Fachbereich-Maschinenbau an der technischern Universitaet Darmstadt, 2005.

[44] MAHROUS A F M, WYSZYNSKI M L, WILSON T, et al. Computational fluid dynamics

simulation of in-cylinder flows in a motored homogeneous charge compression ignition engine cylinder with variable negative valve overlapping [J]. SAGE Publications, 2007, 221（10）: 1295-1304.

[45] SRIKANTH C, BHASKER C. Flow analysis in valve with moving grids through CFD techniques [J]. Advances in Engineering Software, 2009, 40（3）: 193-201.

[46] AN Y J, KIM B J, SHIN B R. Numerical analysis of 3-D flow through LNG marine control valves for their advanced design [J]. Journal of Mechanical Science and Technology, 2008, 22（10）: 1998-2005.

[47] SHI J, YAO Z, MA M X. Numerical simulation and analysis of the 3-D flow and opening-closing processes in control valve [J]. Shanghai Ligong Daxue Xuebao/Journal of University of Shanghai for Science and Technology, 2005, 27（6）: 498-502.

第 7 章

特种阀门噪声分析

特种阀门内部结构复杂，流体在阀内流动时湍流程度大，由此产生巨大的噪声。噪声会影响设备性能，危害操作人员身心健康。因此，研究特种阀门噪声特性，整理国内外现有降噪技术，探讨目前研究存在的主要问题，对延长阀门寿命，改善操作人员工作环境具有重大意义。本章以减压阀为例，介绍了目前国内外减压阀噪声的研究进展，并以高压多级减压阀为研究对象，对其噪声特性进行了研究。

7.1 减压阀噪声研究概述

7.1.1 减压阀噪声产生机理

减压阀结构复杂，流体流经节流元件（如阀芯和孔板）时，压力迅速降低发生超声速流动，导致减压阀内流体湍流程度剧烈并产生较大噪声。其噪声产生原因主要包括三个方面 [1, 2]：减压阀内运动零部件在流体激励作用下产生的机械振动噪声；液体在减压阀内部复杂结构中发生流动分离、湍流及涡流所产生的液体动力学噪声；气体在减压阀内部达到临界流速出现激波、膨胀波而产生的气体动力学噪声。

1. 机械振动噪声

机械振动噪声主要是由减压阀内可运动部件（如阀杆、阀芯）受流体冲击产生振动而形成的。机械振动噪声分为两种形式：低频振动噪声和高频振动噪声。低频振动噪声的产生源于流体的脉动和射流。射流流体冲击减压阀内可运动的阀杆和阀芯时，会引起阀杆相对于阀座的运动，导致阀芯与腔体壁面之间的碰撞。另外，若零部件刚性不足或存在间隙，即使没有力的传递，互相振动也会产生碰撞。碰撞声有较宽广的频率范围，其噪声幅值大小由振动体的质量、刚度、阻尼及碰撞能量决定 [2]，其振动频率一般为 20 ~ 200Hz，所以称之为低频振动噪声。高频振动噪声的产生源于减压阀自然频率与流体激励频率一致时引起的共振，频率可达 3000 ~ 7000Hz，所以称之为高频振动噪声。高频振动噪声会产生很大的破坏应力，导致振动部件产生疲劳破坏甚至断裂。机械振动噪声与流体介质流动状态无关，多是由于减压阀结构设计不合理而产生的。减小机械振动噪声的方法应从减压阀自身结构出发，采取包括合理设计可运动部件的刚度、减小零部件之间的间隙以及合理选用材料等措施。

2. 液体动力学噪声

液体动力学噪声是由流体流经减压阀内节流元件后发生流动分离、湍流及涡流所引发的。基于此，液体动力学噪声可划分为湍流噪声和空化噪声两个类型。湍流噪声即液体与减压阀内壁面相互作用产生的噪声，其噪声级和频率都较低，一般忽略不计。空化噪声是由于液体流经节流元件（如多孔节流孔板）时发生空化现象而产生的[3, 4]。空化产生的气泡破裂后使得能量高度集中，产生极大冲击力，形成空化噪声。同时，节流元件面积的急剧减小使得流体在节流孔后产生高速湍流喷注[2, 4]，在此状态下液体流速极不均匀，进而产生旋涡脱落噪声。

3. 气体动力学噪声

气体动力学噪声又称气动噪声，是由气体流经减压阀内节流元件时，流体机械能转换为声能所产生的噪声。当气体介质的流速高于声速，会产生冲击波，反之，则产生强烈的扰流现象，这两种情况都会加剧噪声强度。因此，气动噪声被认为是减压阀及管道系统运行过程中最普遍、最严重的噪声[5]。气动噪声根据球形声源特性可以分为涡旋噪声、喷注噪声和周期性排气噪声三种，见表 7-1。

气动噪声无法完全消除，因为减压阀在减压过程中引起的流体湍流是不可避免的，但通过改变节流元件结构或流体流动状态可以使气动噪声最小化。

表 7-1　气动噪声分类

气动噪声类型	产生机理	声源特性	主要来源
涡旋噪声	旋转叶片打击质点引起空气脉动	偶级子源	通风机、带叶轮压缩机
喷注噪声	高速与低速气体粒子湍流混合	四级子源	高压罐、喷射器
周期性排气噪声	气体流动周期性膨胀和收缩	单级子源	内燃机、空气动力机械

7.1.2　减压阀噪声研究方法

减压阀噪声问题的研究方法有很多，主要划分为三大类：理论方法、实验方法和数值模拟方法。三种方法相辅相成，互为印证，共同推动减压阀噪声研究的发展。

1. 噪声问题的理论研究

声源位置及类型的识别是减压阀噪声问题研究的基础。声源的几何特性远小于声波波长时，可把声源看成是点声源。任何复杂的声源都可以看成是由许多点声源组合而成[6]。假设点声源为球形，其表面振速在各个方向上均匀分布，或只与极角 θ 有关，则声场为轴对称分布。

在轴对称情况下，声压 p 与方位角 φ 无关，波动方程的普遍解[7]为

$$p = \sum_{l=0}^{\infty} A_l h_l(kr) P_l(\cos\theta) e^{j\omega t} \tag{7-1}$$

式中，A_l 是各阶系数；h_l 是第二类 l 阶球汉克尔函数；k 是波数；r 是球坐标半径；kr 表

示相位角；P_l 是 l 阶勒让德函数；$e^{j\omega}$ 是微分方程解的形式；t 是时间。当球面上振速分布给定时，各阶系数 A_l 就可完全确定。

根据声场分布可划分出三种声源类型：单极子源、偶极子源和四极子源。基于点声源为球形的假设，可以得知偶极子源对应的实际情况为涡旋噪声[8]。高速气流在减压阀中大多为湍流流动，其流动的微观结构具有涡旋的特性。当气流与刚性壁面相互作用时，会产生交变的气体动力性作用力，从而产生气流噪声，这种湍流噪声也属于偶极子源。Kiesbauer 和 Vnucec[9] 对控制阀气动噪声预测标准 IEC 60534-8-3 进行了改进，改进后在噪声预测的精度方面有了显著提高。王飞等[10] 采用理论计算方法对高压先导轴流式天然气减压阀综合噪声级进行预测分析，并对超标噪声范围工况提出了改进措施。Fan 等[11] 利用声源逼近法对蒸汽轮机调节阀的气动噪声进行预测，为调节阀气动噪声研究提供了理论指导。Nie 等[12] 基于 LES 方程和 Lighthill 声类比方法对控制阀的流致噪声展开研究，发现阀门开度减小，声压增强。刘翠伟等[13] 对输气管道阀门气动噪声产生机理进行研究，通过分析气动噪声模型的频域信息，获得声波产生、传播和衰减规律。Okita 等[14] 对液压减压阀的空化噪声产生机理进行分析，此项研究对抑制由阀门空化引起的噪声有较大的指导意义。娄燕鹏[15] 在对高压降疏水阀及阀控管道噪声进行分析时指出，其流致噪声声源为偶极子声源。

2. 噪声问题的实验研究

实验研究可以提供有效可靠的数据，是减压阀噪声问题研究必不可少的步骤之一。目前，国内外学者针对减压阀噪声问题的实验研究从两条线展开：噪声产生原因分析和降噪方法研究。Amini 等[16] 测试了不同阀芯和阀座结构的减压阀噪声，针对减压阀的噪声和振动问题提出了可行方案，实验结果表明 60° 锥型阀芯的噪声比其他结构低 12dB，机械振动基本消除，而且流量增加了 25%。Janzen 等[17] 通过实验研究了闸阀结构与噪声的关系，认为噪声主要由阀门内部空腔旋涡的脱落引起，空腔旁边的斜槽角度对声学响应有较大影响。徐峥等[18] 认为在核电站主蒸汽隔离阀等高压阀门中，蒸汽在扩口处产生湍流喷注和出口管段形成强烈湍流，成为诱发振动和噪声的主要根源。王翊[19] 统计了蒸汽管路阀门声压级超过 140dB 监测点的频谱特性，结果表明噪声主要是低频噪声，高频段可做次要频率处理。Yang 等[20] 发现压力波动主要发生于低频范围，同样证明低频压力波动是阀芯的主要振动源。郑海[21] 对汽轮机高压旁路减压阀的流量特性进行研究，进而分析阀体噪声产生的原因，并提出降低噪声的可行方案，为优化设计提供了理论参考。随着人们对减压阀噪声产生原因的研究不断深入[22, 23]，相应的降噪技术也在持续向前推进[24, 25]。Zeng 等[26] 对节流阀的流致振动噪声展开研究，结果发现压力比对振动噪声有显著影响。Berestovitskiy 等[27] 通过实验方法研究了液压控制阀中多孔节流孔板结构参数对液体动力学噪声的影响，其研究结果发现最小的液体动力学噪声可通过安装小直径、小密度和圆柱形状孔的多孔节流孔板来实现。何涛等[28] 提出一种迷宫式低噪声节流阀，并进行了水力与振动噪声综合特性测试，结果显示新型低噪声控制阀的噪声级低于普通控制阀约 10dB。Persico 等[29]通过实验评估了航空发动机噪声形成的合成熵波，研究结果可以为低噪声航空发动机推进系统的设计提出相关指导。

调节类阀门噪声实验的开展需要严格按照标准要求实施，主要步骤包括实验技术路线的设计、噪声测试系统的设计、噪声测点安排、噪声频谱和声强的测试以及数据处理。另外，实验过程中需要隔振和消除背景噪声。

图 7-1 所示为常用噪声实验研究技术路线图。噪声实验研究可以分为三个阶段：噪声源识别、结构优化、实验验证。阶段 1 是噪声源识别阶段，此阶段在消声室的测试台上完成，通过声谱分析确定噪声的频谱特性，并通过声强分析确定相应的噪声源位置。阶段 2 是结构优化阶段，该阶段是降噪技术的关键一步，是在噪声源识别的基础上对减压阀结构进行优化，主要包括阀体和内节流部件的参数优化。阶段 3 是实验验证阶段，先对优化后的减压阀进行加工制造，然后通过噪声实验装置来验证优化策略在降噪特性方面的可行性，如果结果不满足要求，则继续优化，重复实验。

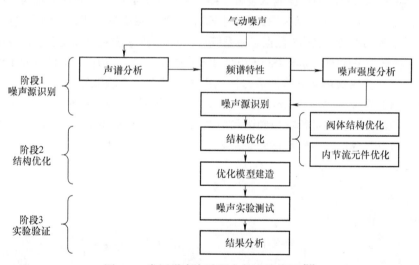

图 7-1　常用噪声实验研究技术路线图[30]

图 7-2 所示为阀门水力与声学综合性能测试系统。该测试系统由内工作管路系统与外驱动管路系统组成。外驱动管路系统连接水泵，改变水泵转速可以实现测试系统阀门流量的调节。内工作管路与外驱动管路通过压力储水筒连接，并在工作管路上布置消声器对外管路系统的水泵进行消声，保证测试回路测到的为阀门本身产生的水动力噪声。噪声测试的过程中隔振和消除背景噪声非常重要，可以通过采取铁砂箱掩埋支撑、增加测试回路管壁厚度、采用特殊固定管道与支撑件及建造消声室等措施来减少振动和背景噪声对测量结果的影响。在此基础上，可以进行阀体振动加速度级和阀门噪声的测试。

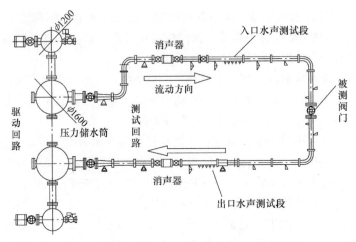

图 7-2 阀门水力与声学综合性能测试系统[28]

图 7-3 所示为常用的噪声测试装置。噪声实验研究的两个重要环节是噪声频谱测试和声强测试。图 7-3a 所示为噪声频谱测试装置及测点安排，测试在消声室中进行。设备主要包括 LMS SCADAS 数据采集系统、G.RA.S 声学麦克风和高性能计算机。测点安排和测试方法应遵循标准 ISO 6798：1995 和 QC/T 70—2014。测试过程中保证消除背景噪声。获取噪声频谱特性后，使用声强测试系统来获取噪声源，如图 7-3b 所示。声强测试系统主要包括 Dewesoft DAQ 数据采集系统、Microflown P-U 声强传感器和高性能计算机。在进行噪声频谱和声强测试之后，可以按照图 7-1 所示技术路线依序开展阀门噪声和降噪技术的实验研究。

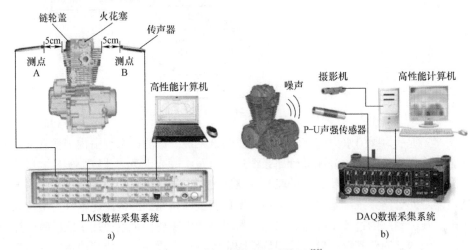

图 7-3 常用的噪声测试装置[30]

a) 噪声频谱测试装置及测点安排　b) 声强测试系统

3. 噪声问题的数值模拟

声学测量仪器，如声级计和频率分析仪等，可以测得噪声的声压级、声强以及频率特性。然而传统测试方法对测量仪器精度要求高，需要考虑环境噪声、温度和湿度等环境因素的影响；另外，试验成本较高，针对复杂工况，如高温高压气体减压过程，试验难度较大，而且对优化设计过程，须进行大量重复性试验，降低了产品设计速度。因此，不少研究人员使用数值模拟的方法进行噪声分析。数值方法主要分为两大类：直接模拟方法和混合方法[31]。直接模拟需要额外的体积积分，代价较大，但是可以表示出流动和声音之间所有的关系，为研究噪声产生的机理提供有力工具。混合方法中的波场外推方法，如 Kirchhoff 和多孔 FW-H 方法，受控制表面位置的影响较小，可以作为直接模拟延伸至远场的互补工具；另一种混合方法称为声类比方法，该方法体积积分代价太大，效率较低，而且对截断效应敏感；尽管如此，它将直接噪声和反射噪声声场分开，在辐射方向图的研究中具有很好的效果。国内外学者在减压阀噪声问题上进行了大量数值模拟，见表 7-2。

表 7-2　噪声问题的数值模拟

研究者	发表时间	数值方法	研究工作
Ryu 等[32]	2005 年	直接模拟	阀门开启过程中的湍流及噪声计算
Fu 等[33]	2007 年	直接模拟	节流阀空化现象引起的噪声
Yonezawa 等[34]	2010 年	混合模拟	用模拟方法研究蒸汽控制阀的振动机理
Tamura 等[35]	2012 年	直接模拟	提出新函数计算共振和噪声
Yonezawa 等[36]	2012 年	混合模拟	带激励器的控制阀可减振降噪
Wei 等[37]	2013 年	直接模拟	高参数减压阀的气动噪声模拟
Qian 等[38]	2014 年	直接模拟	提出稳压降噪的先导式截止阀
Martin 等[39]	2015 年	直接模拟	研究减压过程中流动和温度的变化
Wei 等[40]	2015 年	直接模拟	高参数减压阀的流致噪声模拟
Qian 等[41]	2016 年	直接模拟	先导式截止阀流场和空化分析
Liu 等[42]	2016 年	直接模拟	模拟液压电磁阀在高温工况下的性能
Guo 等[23]	2016 年	直接模拟	阀门噪声源识别及降噪技术
Wang 等[43]	2017 年	直接模拟	控制阀的非稳态流致噪声

数值模拟是解决减压阀噪声问题的有效工具，但是数值模拟的难点在于声音能量远小于流动能量，所以声波的求解较为困难，特别是远场噪声传播的预测和产生噪声的近场流动预测计算。上述减压阀噪声产生机理指出，气动噪声被认为是减压阀及管道系统运行过程中最普遍、最严重的噪声。现以气动噪声为例，介绍减压阀噪声数值模拟方法：直接方法、基于声类比的积分方法和宽频噪声模型方法。

（1）直接方法　求解适当的流体动力学方程，直接计算声波的产生和传播。精确的声波预测需要控制方程时间的精确解。由于需要高精度的数值、精细的网格和声学无反射边界条件，直接方法的计算较为复杂。预测远场噪声时，计算成本非常高，只有当监测点位于近场范围内时，可以使用直接方法。

（2）基于声类比的积分方法　对于中场和远场噪声预测，Lighthill声类比方法提供了替代直接方法的切实可行方案。FW-H方程采用Lighthill声类比的通用形式，可以预测等效声源（包括单极子源、偶极子源和四极子源）产生的噪声。

（3）宽频噪声模型方法　许多实际湍流的噪声不具有明显的音调，声能量连续分布于较宽的频率范围，称为宽频噪声。这种流动的统计学湍流特征通过RANS方程计算，结合半经验关系式和Lighthill声类比理论预测宽频噪声。与直接方法和FW-H积分方法不同，宽频噪声模型不需要求解流体动力学控制方程的瞬态解。因此，宽频噪声模型方法计算成本最低。

减压阀内噪声数值模拟分析流程如图7-4所示。由图7-4可以看出，减压阀噪声问题数值模拟的一般步骤是：首先建立减压阀数值模型，基于控制方程和边界条件，计算稳态流场；其次利用宽频噪声模型得到APL分布，确定主要噪声源位置；然后布置声压监测点，开启FW-H模型，计算非稳态流场，记录监测点声压信号；最后通过傅里叶变换得到频谱数据，分析噪声指向性和频谱特性。

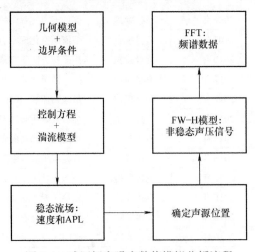

图7-4　减压阀内噪声数值模拟分析流程

7.1.3　减压阀降噪技术研究现状

降低减压阀噪声的方法有两种：来源降噪和传播降噪，两种降噪方法均可有效降低减压阀内噪声。国内外学者在降噪技术方面进行了大量的研究。

1. 来源降噪

来源降噪即通过识别噪声源来采取相应的降噪措施。通过增加孔板或多孔网罩可以实现来源降噪。Youn等[44]分析了径向裂隙结构的流动，并分别观察了孔板结构和径向裂隙结构下游的流场，前者有冲击波产生，而后者没有。试验方法表明，采用径向裂隙结构，噪声降低了大约 40dB。Li 等[45] 分析了射流管伺服阀自激压力脉动及噪声产生的机理，利用动态压力传感器测量阀门前置射流管流场中的压力振荡，并用传声器测量噪声。结果表明，添加磁流体有助于消除射流管伺服阀的高频自激振荡，从而降低噪声。消声器广泛应用于排放系统，如扩张室消声器、微穿孔板消声器、孔板等。单孔板和多孔板由于结构简单，降噪效果较好，多用于管路中和阀出口处的噪声控制[46]。因此，国内外很多学者展开了孔板降噪特性的研究，见表 7-3。

表 7-3　孔板降噪特性的研究

研究者	发表时间	孔板级数	研究工作
Lee 等[47]	2007 年	多孔板	斯特劳哈尔数的函数与平均马赫数有关
Mendez 等[48]	2009 年	多孔板	使用 LES 分析偏流作用下多孔板的声阻抗
Phong 等[49]	2013 年	多孔板	理论研究孔板参数对多孔板特性的影响
Lee 等[50]	2014 年	单孔板	薄板大孔的声阻抗
Wei 等[40]	2015 年	多孔板	高参数减压阀噪声研究
Alenius 等[51]	2015 年	单孔板	孔板上声流相互作用的大涡模拟
Brown 等[52]	2015 年	多孔板	微孔多孔板的声学表征
Habibi 等[53]	2015 年	多孔板	湍流管道中圆形多孔板噪声预测
Jia 等[54]	2015 年	多孔板	多孔板对管道系统气体脉动的影响
Qian 等[55]	2016 年	多孔板	高参数减压阀多孔板的马赫数分析
Temiz 等[56]	2016 年	多孔板	具有圆形孔的微孔板的非线性声传导阻抗
Qian 等[57]	2016 年	多孔板	多孔板的传递损失分析
Lawn[58]	2016 年	多孔板	不同流动状态下多孔板的声阻抗
Sack 等[59]	2017 年	单孔板	多端口方法下的孔板气动声学研究

2. 传播降噪

传播降噪是在分析减压阀内流体流动的基础上采取的相应降噪技术。国内外学者对传播降噪技术的研究主要集中在阀门结构设计和类消声器设计两个方面。

阀门结构改进设计是传播降噪最为普遍的方法。2008 年，Youn 等[44] 提出一种径向狭缝结构减压阀，结果表明在该狭缝结构中噪声声压下降约 40dB。2012 年，Makaryants 等[60] 提出一种适用于气动减压阀的特殊装置，并通过实验研究了此装置的降噪特性。2013 年，刘利杰[61] 改进调节阀流道结构，使超声速对冲射流转变为附壁流，发现低频带噪声的声压级降低超过 20dB。2013 年，Phong 等[49] 通过优化发动机排气阀的结构进行降噪，并用实验和模拟的方法加以研究验证。2015 年，王干新[62] 研究了不同内构件对调节阀降噪技术的影响，结果发现盘片内构件对噪声抑制有一定作用。2017 年，Li 等[63] 对阀门开启过程进行优化，发现优化开启过程对脉冲排气噪声有一定抑制作用。2017 年，Stadnik 等[64] 在减压阀出口端增加了消声器结构，结果发现此结构可有效降噪，并考察了消声器对减压阀动态特性的影响。现阶段阀门结构改进降噪的趋势是低噪声控制阀的设计。何涛等[65]基于多级、分流、迷宫流道等低噪声设计原理，进行了迷宫型式阀套的低噪声节流阀设计。

低噪声控制阀中的核心部件是低噪声节流元件。低噪声节流元件的设计原理是通过产生局部流阻损耗流体的能量来实现压降，从而降低噪声水平。因此，低噪声节流元件设计主要基于三种方法：结构法、黏滞法和射流法。结构法是工作流体受阀门流通结构的改变而损耗能量；黏滞法是使工作流体与节流阀件通流部分的壁产生黏性摩擦而损耗能量；射流法是在扩展或者紧缩情况下，流动速度骤变引起阻力损失而损耗能量。

改进的低噪声控制阀是基于消除腔体内大尺度旋涡并均匀流场、控制出流速度并抑制空化产生的原理设计的。新型低噪声控制阀的优化设计方案中包括设置双层渐变开孔阀套、入流整流装置、阀芯吸振装置、出流导流装置等。

减压阀内节流部件如多孔板，结构简单且降噪效果好，其降噪技术分析的前提是建立多孔板传递损失预测模型，如图 7-5 所示。因此，降噪技术的另一重要方面即将阀门节流部件视作消声器，进行相应的改进设计。

图 7-5　孔板类消声器分析[58]

7.2　减压阀噪声分析

7.2.1　气动噪声源分析

减压阀在过程工业中有广泛的应用，起到将介质压力控制在正常范围的作用。在减压阀中，尤其是在蒸汽减压阀中，由于过热蒸汽的流速高、湍流程度剧烈，导致阀内的噪声和振动非常剧烈，但是噪声与流动之间的关系尚未得到系统的研究。因此，本节将研究一种应用于高压工况的蒸汽减压阀阀内流动特征与噪声之间的关系。

1. 几何模型

图 7-6 所示为高压减压阀的结构。高压减压阀主要由锻焊角式阀体、锥形阀芯和用于控制噪声的孔板组成，其中，孔板即为有许多通孔的圆形平板。通过调整锥形阀芯的位置，可实现高压减压阀对蒸汽压力的调节，使蒸汽压力满足下游要求。高压减压阀的流道分为三个部分，分别为入口段、阀芯段和出口段。流体从入口段进入流道，在阀芯段内旋转 90° 后流过孔板，最后从出口段流出流道。流道入口段的直径为175mm，出口段的直径为275mm。在研究过程中，选取阀门相对开度为 60% 的工况，由于减压阀流道具有对称性，为提高数值模拟的计算效率，只需建立一半的流道模型作为研究对象。此外，本节还建立了无孔板的高压减压阀模型作为对照，通过对比来

分析孔板对高压减压阀内噪声的影响。为了便于区分，将无孔板的高压减压阀编号为 A（后文简称减压阀 A），有孔板的高压减压阀编号为 B（后文简称减压阀 B）。

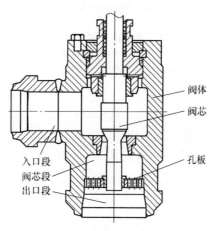

图 7-6　高压减压阀的结构

2. 网格划分及数值模拟设置

在进行数值计算前，应对流道的几何模型进行离散。本节采用混合网格对流道进行离散，离散后的网格如图 7-7 所示。

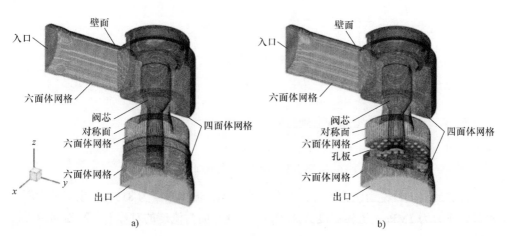

图 7-7　离散后的网格

a) 减压阀 A　b) 减压阀 B

为排除网格尺寸对数值模拟准确性的影响，以减压阀 A 为例，进行网格独立性验证。网格尺寸和数量的组合见表 7-4。以流体的流量作为评估参数，进行网格独立性验证，如图 7-8 所示。从图 7-8 中可以看出，当网格数量大于 3×10^5 时，流体的流量

变化在 4% 以内，这说明数值模拟结果不再受网格尺寸的影响。在本节中采用 4.3 ×
10^5 个网格对流道模型进行离散，同时满足计算精度和效率要求。在对减压阀 A 流道
模型进行离散时，采用与减压阀 B 相同尺寸的网格。

表 7-4　网格尺寸和数量的组合

编号	网格尺寸 /mm	网格数量
1	12	30000
2	10	60000
3	8	120000
4	6	300000
5	4.5	430000
6	3.6	800000
7	3.2	1100000
8	3	1300000

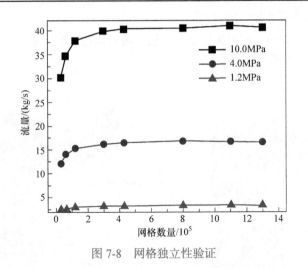

图 7-8　网格独立性验证

计算域的入口设为压力入口，压力为 10MPa，流体温度为 813K；出口设为压力
出口，压力为 1MPa，流体温度为 813K；$x = 0$ 平面为流道的对称面，其他面为无滑
移的壁面。

在研究减压阀内蒸汽的流动和噪声分布时，湍流模型的选择非常重要。与流体的
湍动能相比，声压的波动显得非常微弱，这时需要采用大涡模拟来捕捉宽频噪声。大
涡模拟运动方程描述了大尺度运动的演化过程，并模拟了小尺度运动的不确定性，从
而可以量化与时间有关的噪声源。将大涡模拟得到的流动特性与 FW-H 方法耦合，可
以有效地预测气动噪声。

由于高压减压阀内高温高压蒸汽的可压缩性不可忽略，因此采用大涡模拟方法求解经过滤波的理想气体可压缩 Navier-Stokes 方程。滤波量的定义如下所示：

$$\bar{f}(x,t) = \int_{\Omega} f(x',t) G(x-x') \mathrm{d}x' \tag{7-2}$$

式中，$x = (x, y, z)$ 是单元体中心的坐标；t 是时间；Ω 是流域；G 是滤波函数，用于确定已解析涡流的尺度。在 Fluent 软件中，有限体积隐式离散方法提供了滤波操作：

$$\bar{f}(x,t) = \frac{1}{V} \int_V f(x',t) \mathrm{d}x', \ x' \in V \tag{7-3}$$

式中，V 是一个计算单元的体积。这里滤波函数 G 可以简化为

$$G(x,x') = \begin{cases} 1/V, x' \in V \\ 0, \ x' \notin V \end{cases} \tag{7-4}$$

守恒变量定义为 $\overline{Q} = \left[\bar{\rho}, \bar{\rho}\bar{u}_1, \bar{\rho}\bar{u}_2, \bar{\rho}\bar{u}_3, \tilde{E} \right]^T$，其中 ρ 是密度，u 是速度。总能量表示为 $\tilde{E} = \bar{\rho}\tilde{e} + \bar{\rho}\tilde{u}_i\tilde{u}_i/2$，其中 $\tilde{e}$ 为内能。无黏流动和有黏流动分别由 $\overline{F}_i^{inv} = \tilde{u}_i\overline{Q} + \left[0, \delta_{1i}\bar{p}, \delta_{2i}\bar{p}, \delta_{3i}\bar{p}, \bar{p}\tilde{u}_i\right]^T$ 和 $\overline{F}_i^{vis} = \tilde{u}_i\overline{Q} + \left[0, \tilde{\tau}_{1i}, \tilde{\tau}_{2i}, \tilde{\tau}_{3i}, \tilde{\tau}_{ki}\tilde{u}_k + \tilde{q}_{ii}\right]^T$ 表示，其中 δ_{ij} 是克罗内克函数，$\bar{p}$ 是静压，$\tilde{\tau}_{ij}$ 是应力张量，$\tilde{q}_{ii}$ 是热流密度。

连续性方程、动量守恒方程和能量守恒方程形式可以表示为

$$\frac{\partial \overline{Q}}{\partial t} + \frac{\partial \overline{F}_i^{inv}}{\partial x_i} - \frac{\partial \overline{F}_i^{vis}}{\partial x_i} = 0 \tag{7-5}$$

对于理想气体，压力、密度和温度满足理想气体状态方程：

$$\bar{p} = \bar{\rho} R \tilde{T} \tag{7-6}$$

采用基于莱特希尔声类比方法的 FW-H 模型对声信号进行计算。FW-H 方程是一个非齐次波动方程，可以通过连续性方程和 Navier-Stokes 方程推导得到。

3. 高压减压阀噪声特性研究

（1）蒸汽的不稳定流动　流动状态对声场分布有很大影响。如图 7-9 所示，高速流主要出现在阀芯周围和出口段处，减压阀 A 的高速区比减压阀 B 的高速区宽。图 7-10 所示为两种模型的湍流强度沿流线长度 l 的变化曲线。在 l 大于 0.8m 的区域，蒸汽的湍流强度迅速增加；在 l 为 0.9~1.2m 的区域，由于蒸汽在出口空腔内膨胀引起很大的扰动，导致蒸汽的湍流强度远远大于其他区域。两种模型的马赫数沿流线长度 l 的分布曲线如图 7-11 所示。同样由于蒸汽的膨胀，在 l 为 0.9~1.2m 的区域内，马赫数高于其他区域。值得注意的是，当马赫数大于 1 时，表示此处为超音速流动。通过对比可以看出，减压阀 B 的马赫数比减压阀 A 的马赫数小 30%~60%。

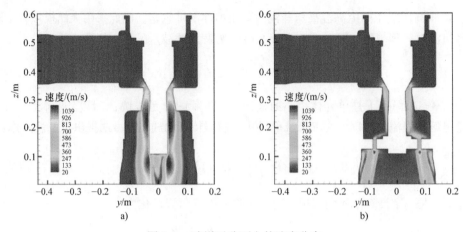

图 7-9　流道对称面上的速度分布

a) 减压阀 A　b) 减压阀 B

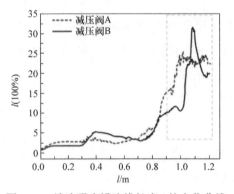

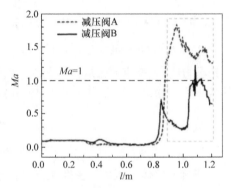

图 7-10　湍流强度沿流线长度 l 的变化曲线　　　图 7-11　马赫数沿流线长度 l 的变化曲线

　　减压阀 A 不同截面的速度分布如图 7-12 所示。φ 是与 x 轴的夹角，$\varphi = -120°$ 的面和 $\varphi = 120°$ 的面关于 $y = 0$ 平面对称，取各 φ 截面与不同 z 值平面的交线，将流体速度沿直径的变化绘制曲线。图 7-12 中可以看出，在每张图中都有一个较高的速度峰值。虽然出口部分是轴对称的，但进口侧附近的速度较高，如图 7-12a 虚线框中的较小峰值所示，当 z 减小时，这个较小的峰值逐渐平缓并向箭头方向延伸，在图示的两个平面上，较高的峰值也随着 z 的减小而逐渐平坦。

　　减压阀 B 不同截面的速度分布如图 7-13 所示，图中的曲线反映的均为孔板后的速度情况。从图 7-13 中可以看出，由于流体从孔中流出形成两个射流，所以出现了两个速度峰值。当 z 减小时，两个峰值延箭头方向逐渐变平并沿箭头方向延伸。

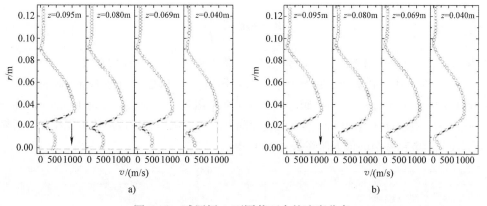

图 7-12　减压阀 A 不同截面内的速度分布

a) $\varphi = -120°$ 平面　**b)** $\varphi = 120°$ 平面

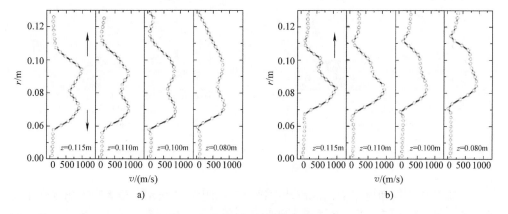

图 7-13　减压阀 B 不同截面内的速度分布

a）$\varphi = 120°$ 平面　b）$\varphi = 150°$ 平面

速度曲线的峰值表示孔后的高速流，这是由孔内流动面积的突然减小造成的。每个孔的高速区域呈放射状扩展甚至出现交叉。流体的高速流动和膨胀会引起复杂的湍流和噪声。

（2）噪声源的确定　平面 $x = 0$，即流道对称面的声功率级分布如图 7-14 所示。声功率级 L_W 通过下式计算：

$$L_W = 10\lg\left(\frac{W_A}{W_{ref}}\right) \tag{7-7}$$

其中，W_{ref} 是参考声功率，默认值为 10^{-12} W/m³；W_A 是等偏湍流单位体积引起的声功率，由下式计算：

$$W_{A}=\alpha\rho_{0}\left(\frac{u^{3}}{l}\right)\frac{u^{5}}{\alpha_{0}^{5}} \tag{7-8}$$

式中，u 和 l 分别是湍流速度和湍动尺度；α_{0} 是当地声速；α 是模型常数。

从图 7-14 中可以看出，声功率级在入口段内低于 50dB，当蒸汽通过阀芯时，噪声迅速增大。在减压阀 A 内，阀芯底部的声功率级较高，最大值高达 189.2dB。在减压阀 B 内，在孔板的作用下，蒸汽的流速降低，所以声功率级最高值出现在孔板后靠近壁面处，声功率级的最大值降低至 180.9dB。

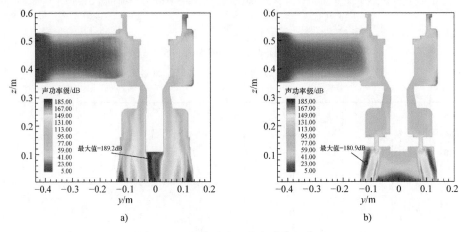

图 7-14 流道对称面的声功率级分布

a) 减压阀 A b) 减压阀 B

减压阀 B 不同角度平面内的声功率级分布如图 7-15 所示。最大噪声出现在出口段中蒸汽流出孔板后，其湍流旋涡不断脱落的地方。在出口段，由于回流的存在，流道中心的声功率级很低。同时，由于径向流动是均匀的，在阀体壁面附近，双孔截面的声功率级小于单孔截面的声功率级。

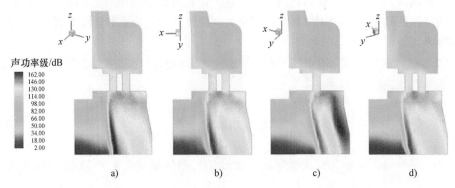

图 7-15 减压阀 B 不同角度平面内的声功率级分布

（3）噪声的频谱特性分析　为了更加直接地分析噪声的特性，按照图 7-16 所示在声场中设置监测点。减压阀的出口位置在点 2 处。围绕点 3，分别绘制半径为1000mm 和半径为 2000mm 的圆周，在这两个圆周上均匀地设置 12 个监测点。此外，沿出口方向每 1000mm 设 5 个接收点。将监测点上的声压信号进行快速傅里叶变换，可得到远场噪声的总声压级（OSPL）和频谱特性。

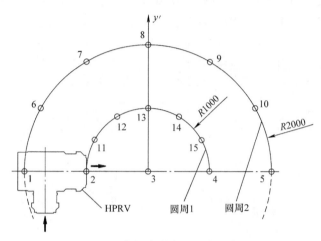

图 7-16　声场内噪声监测点的布置

如图 7-17 所示，噪声监测点的总声压反映出了噪声的指向性。噪声指向性曲线呈椭圆形，减压阀下游方向的噪声大于其他方向。对于减压阀 A，外圆的噪声指向性曲线与内圆的噪声指向性曲线形状相似，但内圆的值更小。对于减压阀 B，内圆的噪声指向性曲线形状更近似圆形，这是因为在孔板的作用下，阀门出口下游方向的噪声减小。

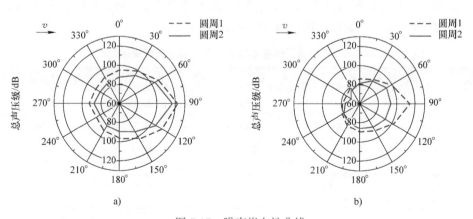

图 7-17　噪声指向性曲线

a) 减压阀 A　b) 减压阀 B

1/3 倍频程曲线如图 7-18 所示。绘制曲线时，阀门的出口设置于 $z = 0$ 的位置，因此 z 的绝对值代表监测点与阀门出口间的距离。蒸汽流动引起的噪声具有宽频带特性，这里研究的两个阀门各监测点的曲线形状相同。对于减压阀 A，各条线的声压级逐渐增大直至 1000Hz，然后保持稳定；距离出口较远的监测点，其声压级曲线值较小。对于减压阀 B，阀门出口处的声压级曲线位于一个较高的水平，其他的四条曲线声压级值较低，且彼此的间隙较小。比较两种阀门的 1/3 倍频程曲线可以发现，孔板可以有效地降低频率在 1800 ~ 4500Hz 范围内的噪声。

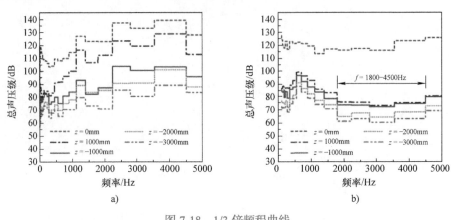

图 7-18　1/3 倍频程曲线

a) 减压阀 A　b) 减压阀 B

两种减压阀在不同监测点处的总声压级比较见表 7-5，其中 η 的定义为 $\eta = (OSPL_A/OSPL_B - 1) \times 100\%$。通过对比可以发现，在各不同的监测点，减压阀 B 总声压级比减压阀 A 小 1% ~ 30%。对于减压阀 B，在距离阀门出口 1000mm 处的总声压级较出口处减小了 30%；距出口 2000mm 的总声压级较距出口 1000mm 处减小了 3%；距出口 3000mm 的总声压级较距出口 2000mm 处减小了 5%。

表 7-5　两种减压阀在不同监测点处的总声压级比较

监测点编号	z/mm	$OSPL_A$/dB	$OSPL_B$/dB	η（%）
1	−1000	130.72	100.43	30.16
2	0	142.53	140.34	1.56
3	1000	208.31	99.23	9.15
4	2000	102.66	96.64	6.23
5	3000	92.74	91.85	0.97

图 7-19 所示为两种阀门 8 号和 13 号监测点（见图 7-16）的频谱特性图。减压阀 B 的频谱特性图杂乱无章，而减压阀 A 的频谱特性图呈现出与反应室消声器规律一致

的周期性。通过对比可以看出，在 8 号和 13 号监测点，减压阀 B 的频谱特性曲线比减压阀 A 的更低，这是因为一部分频率的声波受到孔板的反射从而被减弱。

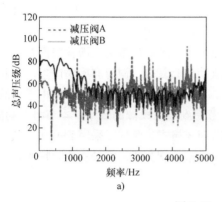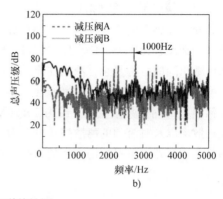

图 7-19　频谱特性图

a) 8 号监测点　b) 13 号监测点

7.2.2　噪声优化分析

当过热蒸汽流经减压阀时，由于受节流元件的扰动，过热蒸汽的流动变得紊乱，易产生气动噪声。作为一种可压缩的气体，过热蒸汽的湍流流动特性对气动噪声有显著影响。因此，本节以一种多级高压减压阀为研究对象，以可压缩的过热蒸汽为流动介质，分析减压阀内孔板及套筒结构对阀内气动噪声的影响。

1. 几何模型

图 7-20 所示为多级高压减压阀，与图 4-3 类似，不同的是，该处的节流孔板为多孔板。从图 7-20a 中可以看出，多级高压减压阀的减压元件由阀芯、套筒和多孔板组成。本节采用三级套筒与三级孔板对蒸汽进行降压，如图 7-20b 所示，因此，在依次流经三级套筒、阀芯和三级孔板后，总共可经历七级减压过程。相比于传统高压减压阀，多级高压减压阀有着实现多级降压工艺、改善流场以及适用于复杂工况等优势。由于多级高压减压阀结构具有对称性，为了提高数值模拟的效率，本节中采用的流道几何模型为多级高压减压阀的一半流道模型。

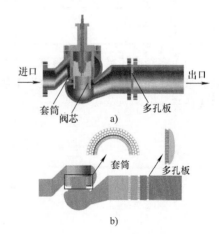

图 7-20　多级高压减压阀

a) 多级高压减压阀的结构示意图

b) 多级高压减压阀的流道

2. 网格划分及数值模拟设置

首先对多级高压减压阀流道几何模型进行离散。为排除离散网格尺寸对数值模拟精度的影响，分别采用 1～10mm 的离散网格。经验证，当离散网格尺寸小于 2mm 时，数值模拟的精度不再受网格尺寸的影响，因此最终选定 2mm 的离散网格对几何模型进行划分。过热蒸汽的入口压力为 6MPa，温度为 813.15K。流道模型入口和出口的边界条件分别设置为压力入口和压力出口，壁面的边界条件设置为无滑移壁面。由于多级高压减压阀的结构复杂，蒸汽在流道内的流动较为复杂，同时有旋涡产生，因此采用了可压缩气体的 RNG $k\text{-}\varepsilon$ 湍流模型。虽然二阶迎风格式的精度较高，但由于离散流道几何模型的网格数量较大，约为 7×10^6，考虑到数值模拟的效率，本节将湍动能、湍流耗散率以及对流项的离散格式设置为一阶迎风格式。此外，采用 Fluent 中基于密度的稳态求解器，且对控制方程的求解采用了有限体积方法。在分析声学特性时，采用了有限单元方法。

3. 多级高压减压阀流动及噪声研究

多级高压减压阀的不同几何参数和不同的开度都会对可压缩气体的流动特性、噪声特性和能量损耗产生影响。本节中的研究变量包括：多级高压减压阀的开度、孔板孔径、套筒孔径、小孔倒角半径和孔板级数。多级高压减压阀几何参数与操作条件的组合见表 7-6。

表 7-6 多级高压减压阀几何参数与操作条件组合

相对开度（%）	孔板孔径/mm	套筒孔径/mm	小孔倒角半径/mm	压比
20	4	3	1	3
40	6	4	1.5	4
60	10	6	2	5
80	12	7	2.5	7

（1）多级高压减压阀内蒸汽流动的可压缩性分析　马赫数是反映流体流动可压缩性的参数。较高的马赫数会导致严重的空气动力噪声和大量的能量消耗。马赫数可由下式计算：

$$Ma = \frac{v}{c} \tag{7-9}$$

$$u = \sqrt{v_x^2 + v_y^2 + v_z^2} \tag{7-10}$$

$$c = \sqrt{(1.4\times287)T} \tag{7-11}$$

式中，Ma 是马赫数；v 是流动速度，下标 x,y,z 分别表示速度 u 在 x,y,z 方向的分量；c 是当地声速；T 是热力学温度。

马赫数与流动参数之间的关系为

$$\frac{\mathrm{d}p}{p} = -\gamma Ma^2 \frac{\mathrm{d}v}{v} \qquad (7\text{-}12)$$

$$\frac{\mathrm{d}A}{A} = \left(Ma^2 - 1\right)\frac{\mathrm{d}v}{v} \qquad (7\text{-}13)$$

式中，p 是压力；γ 是流体的比热容比；A 是流道截面面积。

　　首先，分析不同结构参数下多级高压减压阀的马赫数。在数值模拟时采用控制变量法，将孔板级数作为变量，其余几何参数保持不变。其中，多级高压减压阀的开度为 100%，孔板小孔无倒角，孔径为 8mm，套筒孔径为 5mm。当孔板级数不同时，多级高压减压阀的马赫数如图 7-21 所示。从图 7-21 中可以看出，从进口到最后一级孔板的前方，马赫数的最大值随着孔板级数的变化而变化。当孔板级数为 1 时，值为 0.25；当孔板级数为 2 时，值为 0.45；当孔板级数为 3 和 4 时，值均为 0.5。在不同的孔板级数下，从进口到最后一级孔板前方，最大马赫数均小于 1，说明在这一阶段中蒸汽的流动为亚音速流。在最后一级孔板之后，马赫数急剧上升，当出口段的马赫数稳定后，其值均大于 1，说明在出口段蒸汽流动为超音速流。从马赫数的整个变化趋势中还可以发现，马赫数的波动段数与孔板级数之间存在关系。此外，随着孔板级数的增长，马赫数小于 1 的区域范围更大，说明孔板级数增多可增强亚音速流动，且减小能量损耗。

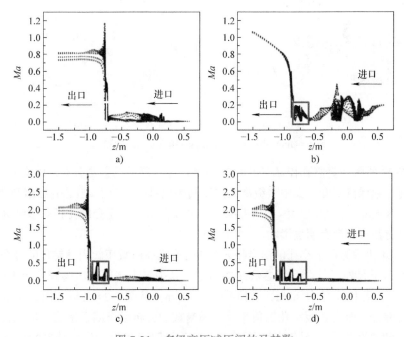

图 7-21　多级高压减压阀的马赫数

a) 单级孔板　　b) 二级孔板　　c) 三级孔板　　d) 四级孔板

其次，同样采用控制变量法，通过改变孔板的孔径，分析多级高压减压阀马赫数的变化。蒸汽的进口压力设置为6MPa，进口温度设置为813.15K，出口压力设置为1MPa。改变孔板孔径 d_1 时，其余的几何参数保持不变，其中多级高压减压阀的相对开度为100%，孔板级数为1级，套筒孔径为5mm，小孔无倒角。孔板孔径不同时多级高压减压阀的马赫数分布如图7-22所示。从图7-22中可以看出，从进口到孔板前方，马赫数均小于1，随着孔板孔径的增加，多级高压减压阀内的马赫数变化越来越剧烈。在这一区域内，当孔板孔径为4mm、6mm、10mm和12mm时，多级高压减压阀内的最大马赫数分别为0.6、0.6、0.8和0.8，但是随着孔板孔径的增大，高马赫数的分布范围变宽。在孔板后的出口段，除孔板孔径为4mm外，其余孔径尺寸的出口段马赫数均大于1。这说明当孔板孔径为4mm时，多级高压减压阀的能量损失最小。

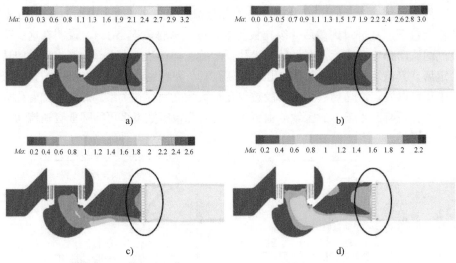

图7-22　孔板孔径 d_1 不同时多级高压减压阀的马赫数分布

a) d_1=4 mm　b) d_1=6 mm　c) d_1=10 mm　d) d_1=12 mm

图7-23所示为套筒孔径 d_2 不同时多级高压减压阀的马赫数分布。除套筒孔径外，其他几何参数保持不变，其中多级高压减压阀的相对开度为100%，孔板级数为1，孔板孔径为8 mm，小孔无倒角。从图7-23中可以看出，改变套筒孔径对多级高压减压阀内的马赫数分布没有明显影响。

图7-24所示为孔板小孔倒角半径 r 不同时多级高压减压阀内马赫数的分布。除孔板小孔倒角半径外，其余几何参数保持不变，其中多级高压减压阀开度为100%，孔板级数为1，孔板孔径为8mm，套筒孔径为5mm。从图7-24可以看出，从进口到孔板前方的部分，改变孔板小孔倒角半径对马赫数的分布没有明显影响。但在孔板后的出口段，随着孔板小孔倒角半径的增大，板后的回流减弱，且马赫数的分布更为均匀。当孔板小孔倒角半径为2.5mm时，多级高压减压阀的能量损耗最小。

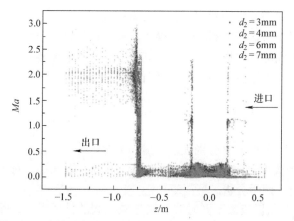

图 7-23   套筒孔径 d_2 不同时多级高压减压阀的马赫数分布

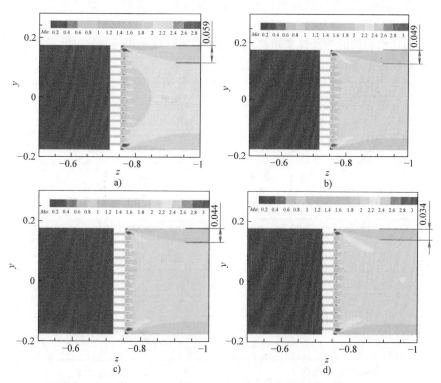

图 7-24   孔板小孔倒角半径 r 不同时多级高压减压阀内马赫数的分布

a) $r=1$ mm   b) $r=1.5$ mm   c) $r=2$ mm   d) $r=2.5$ mm

综上所述，增加孔板级数，可扩大亚音速流的分布并且降低能量损耗；当孔板孔径为 4mm 时，多级高压减压阀内各处均为亚音速流；套筒孔径和孔板小孔倒角半径对多级高压减压阀内的马赫数分布无明显影响。

（2）多级高压减压阀噪声控制　在多级高压减压阀内，马赫数大于1的区域为超音速流，易出现对设备运行不利的气动噪声。传递损失是一个反应声学性能的重要参数。多级高压减压阀的传递损失越大表明其控制噪声的性能越好，同时意味着热力系统的能量损失越小。传递损失 TL（dB）的计算公式如下：

$$TL = 10 \lg \frac{W_i}{W_t} \qquad (7\text{-}14)$$

式中，W 为声功率，下标 i、t 分别表示入射和透射。

在计算传递损失时，采用了 LMS Virtual Lab 的有限元法，对不同几何参数的多级高压减压阀进行了声学分析。

图 7-25 所示为孔板级数不同时多级高压减压阀的传递损失，除孔板级数外，其余参数不变，其中多级高压减压阀的开度为100%，孔板小孔无倒角，孔径为8mm，套筒孔径为5mm。由图7-25可见，当孔板级数为1级、2级、3级和4级时，稳定区域的频率宽度分别为1450Hz、1300Hz、1100Hz和1000Hz。此外，随着孔板级数的增加，传递损失曲线的波动越来越剧烈，且不稳定区域越来越宽。由此可得，孔板级数越多，降噪性能越差，能量损耗越大。

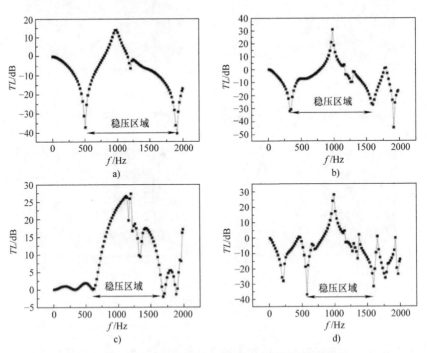

图 7-25　孔板级数不同时多级高压减压阀的传递损失

a) 单级孔板　b) 二级孔板　c) 三级孔板　d) 四级孔板

　　图 7-26 所示为孔板孔径 d_1 不同时多级高压减压阀的传递损失。除孔板孔径外，其余几何参数均不变，其中多级高压减压阀的开度为 100%，孔板级数为 1 级，套筒孔径为 5mm，小孔无倒角。从图 7-26 中可以看出，随着孔板孔径的增大，稳定区域向非线性高频声波移动。此外，改变孔板孔径后，稳定区域的频率范围也发生变化。当孔板孔径为 4mm 时，稳定区域的频率宽度为 1500Hz；其余的孔板孔径，稳定区域的频率宽度均为 1450Hz。这说明随着孔板孔径的增大，传递损失的稳定区域先变窄然后逐渐稳定。从图 7-26 中还可以看出，最大传递损失随着孔板孔径的增大逐渐减小。传递损失越大，消声性能越好，能量损耗越低，因此较小的孔板孔径具有更好的消声性能。

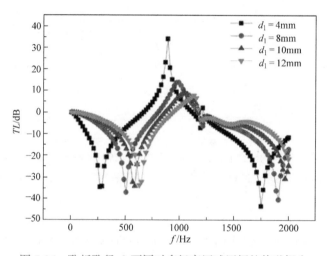

图 7-26　孔板孔径 d_1 不同时多级高压减压阀的传递损失

　　图 7-27 所示为孔板小孔倒角半径 r 不同时多级高压减压阀的传递损失。除孔板小孔倒角半径外，其余几何参数保持不变，其中多级高压减压阀开度为 100%，孔板级数为 1，孔板孔径为 8mm，套筒孔径为 5mm。从图 7-27 中可以看出，多级高压减压阀的传递损失曲线由稳定区域和非稳定区域组成。在稳定区域，孔板的降噪特性在宽频段内稳定。而在非稳定区域，基于高频声波的非线性特性，传递损失曲线杂乱无章，说明孔板的降噪性能不稳定。在图 7-27 中，传递损失曲线的稳定区域比非稳定区域更宽，说明多级高压减压阀内的孔板具有较好的降噪性能。图 7-27 中各条曲线基本重合，说明孔板小孔的倒角半径对传递损失无明显影响。

　　本节研究了不同的结构几何参数对多级高压减压阀的可压缩流动性和降噪性能的影响。结果表明，随着孔板级数的增加，超音速流减弱，有利于控制噪声；当孔板孔径为 4mm 时，多级高压减压阀内均为亚音速流；此外，套筒孔径和孔板小孔倒角半径对多级高压减压阀内的噪声无明显影响。

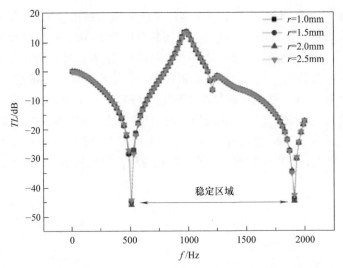

图 7-27　孔板小孔倒角半径 r 不同时多级高压减压阀的传递损失

参考文献

[1]　章嘉炎. 国外阀门噪声的研究 [J]. 化工与通用机械，1981(4)：52-56.

[2]　赵子琴. 高温高压先导式过热蒸汽疏水阀消声减振分析研究 [D]. 兰州：兰州理工大学，2011.

[3]　WEI L，JIN Z. The effects of the orifice plate structure on the aerodynamic noise in the high parameter pressure reducing valve [J]. The Journal of the Acoustical Society of America，2013，134(5)：4191.

[4]　尹忠俊，岳恒昌，陈兵，等. 基于统计能量法的排气管道系统的振动和噪声分析与研究 [J]. 振动与冲击，2010，29(2)：159-162，228.

[5]　周盼，张权，率志君，等. 离心泵进水口形式设计及其对振动噪声的影响 [J]. 排灌机械工程学报，2015，33(1)：16-19，54.

[6]　赵松龄. 噪声的降低与隔离：下册 [M]. 上海：同济大学出版社，1989.

[7]　杜功焕，朱哲民，龚秀芬. 声学基础：下册 [M]. 上海：上海科学技术出版社，1981.

[8]　杜功焕，朱哲民，龚秀芬. 声学基础：上册 [M]. 上海：上海科学技术出版社，1981.

[9]　KIESBAUER J，VNUCEC D. Improvement of IEC 60534-8-3 standard for noise prediction in control valves [J]. Hydrocarbon Processing，2008，87(1)：89-96.

[10] 王飞，李确，李树勋. 高压先导轴流式天然气减压阀综合噪声级预测分析 [J]. 通用机械，2012，(10)：102-104.

[11] FAN L，CAI G. Exploration on aerodynamic noise characteristics for control valve of steam tur-

bine [J]. Applied Mechanics & Materials，2012，224：395-400.

[12] NIE X，ZHU Y，LI L. The Flow Noise Characteristics of a Control Valve [J]. The Open Mechanical Engineering Journal，2014，8(1)：960-966.

[13] 刘翠伟，李玉星，王武昌，等．输气管道气体流经阀门气动噪声产生机理分析 [J]. 振动与冲击，2014，33(2)：152-157.

[14] OKITA K，MIYAMOTO Y，KATAOKA T，et al. Mechanism of noise generation by cavitation in hydraulic relief valve [J]. Journal of Physics. Conference Series，2015，656（1）：12104.

[15] 娄燕鹏．高压降多级降压疏水阀及阀控管道振动噪声特性研究 [D]. 兰州：兰州理工大学，2016.

[16] AMINI A，OWEN I. A Practical Solution to the Problem of Noise and Vibration in a Pressure-Reducing Valve [J]. Experimental Thermal and Fluid Science，1995，10(1)：136-141.

[17] JANZEN V P，SMITH B A W，LULOFF B V，et al. Acoustic noise reduction in large-diameter steam-line gate valves [C]//ASME 2007 Pressure Vessels and Piping Conference. San Antonio：American Society of Mechanical Engineers，2007.

[18] 徐峥，王德忠，王志敏，等．核电站主蒸汽隔离阀气流诱发振动与噪声的数值分析 [J]. 原子能科学技术，2010，44(1)：48-53.

[19] 王翊．蒸汽管路阀门流动与噪声源特性研究 [D]. 哈尔滨：哈尔滨工程大学，2011.

[20] YANG Q，ZHANG Z G，LIU M Y，et al. Numerical Simulation of Fluid Flow inside the Valve [J]. Procedia Engineering，2011，23：543-550.

[21] 郑海．汽轮机高压旁路阀调节特性的研究以及噪音分析 [D]. 兰州：兰州理工大学，2012.

[22] AKRAMINIA M，MAHJOOB M J，NIAZI A H. Feedforward active noise control using wavelet frames: simulation and experimental results [J]. SAGE Publications，2017，23(4)：555-573.

[23] GUO J，CAO Y P，ZHANG W P，et al. Analysis of engine vibration and noise induced by a valve train element combined with the dynamic behaviors [J]. Journal of Engineering for Gas Turbines and Power，2016，138(9)：092806.

[24] LI M，CHEN Y，PANG J，et al. Application on reducing idle noise of diesel engine by using anti-backlash gear [J]. Nongye Gongcheng Xuebao/Transactions of the Chinese Society of Agricultural Engineering，2017，33(1)：63-69.

[25] ZHAO X，LI L，SONG J，et al. Linear Control of Switching Valve in Vehicle Hydraulic Control Unit Based on Sensorless Solenoid Position Estimation [J]. IEEE Transactions on Industrial Electronics，2016，63(7)：4073-4085.

[26] ZENG L F，LIU G W，MAO J R，et al. Flow-induced vibration and noise in control valve [J]. Proceedings of the Institution of Mechanical Engineers，Part C：Journal of Mechanical Engineering Science，2015，229(18)：3368-3377.

[27] BERESTOVITSKIY E G, ERMILOV M A, KIZILOV P I, et al. Research of an influence of throttle element perforation on hydrodynamic noise in control valves of hydraulic systems [J]. Procedia engineering, 2015, 106: 284-295.

[28] 何涛, 郝夏影, 王锁泉, 等. 低噪声控制阀优化设计及试验验证 [J]. 船舶力学, 2017, 21(5): 642-650.

[29] PERSICO G, GAETANI P, SPINELLI A. Assessment of synthetic entropy waves for indirect combustion noise experiments in gas turbines [J]. Experimental Thermal and Fluid Science, 2017, 88: 376-388.

[30] ZHENG H, YAN F W, LU C H, et al. Optimization design of the valve spring for abnormal noise control in a single-cylinder gasoline engine [J]. Proceedings of the Institution of Mechanical Engineers, Part D: Journal of Automobile Engineering, 2017, 231(2): 204-213.

[31] TUPOV V B, TARATORIN A A. The choice of turbulence models for steam jets [J]. Procedia Engineering, 2017, 176 (Complete): 199-206.

[32] RYU J, CHEONG C, KIM S, et al. Computation of internal aerodynamic noise from a quick-opening throttle valve using frequency-domain acoustic analogy [J]. Applied Acoustics, 2005, 66(11): 1278-1308.

[33] FU X, DU X, ZOU J, et al. Characteristics of Flow Through Throttling Valve Undergoing a Steep Pressure Gradient [J]. Taylor & Francis, 2007, 8(1): 29-37.

[34] YONEZAWA K, OGI K, TAKINO T, et al. Experimental and Numerical Investigation of Flow Induced Vibration of Steam Control Valve [C]//ASME 2010 7th International Symposium on Fluid-Structure Interactions, Flow-Sound Interactions and Flow-Induced Vibration and Noise. Montreal: American Society of Mechanical Engineers, 2010.

[35] TAMURA A, OKUYAMA K, TAKAHASHI S, et al. Development of numerical analysis method of flow-acoustic resonance in stub pipes of safety relief valves [J]. Journal of Nuclear Science and Technology, 2012, 49(8): 793-803.

[36] YONEZAWA K, OGAWA R, OGI K, et al. Flow-induced vibration of a steam control valve [J]. Journal of Fluids and Structures, 2012, 35: 76-88.

[37] LIN.WEI, MING.ZHANG, JIANG.JIN Z, et al. Numerical Analysis of Aerodynamic Noise in a High Parameter Pressure Reducing Valve [J]. Applied Mechanics and Materials, 2013, 2658(797): 274-277.

[38] QIAN J Y, WEI L, JIN Z J, et al. CFD analysis on the dynamic flow characteristics of the pilot-control globe valve [J]. Energy Conversion and Management, 2014, 87: 220-226.

[39] SCHMITT M, FROUZAKIS C E, TOMBOULIDES A G, et al. Direct numerical simulation of the effect of compression on the flow, temperature and composition under engine-like conditions [J]. Proceedings of the Combustion Institute, 2015, 35: 3069-3077.

[40] WEI L, ZHU G, QIAN J, et al. Numerical simulation of flow-induced noise in high pressure reducing valve [J]. PLoS ONE, 2015, 10(6): e0129050.

[41] QIAN J Y, LIU B Z, JIN Z J, et al. Numerical analysis of flow and cavitation characteristics in a pilot-control globe valve with different valve core displacements [J]. Zhejiang University Press, 2016, 17(1): 54-64.

[42] LIU Q F, ZHAO F F, BO H L. Numerical simulation of the head of the direct action solenoid valve under the high temperature condition [C]//24th International Conference on Nuclear Engineering.Charlotte: American Society of Mechanical Engineers, 2016.

[43] WANG P, LIU Y. Influence of a circular strainer on unsteady flow behavior in steam turbine control valves [J].Applied thermal engineering, 2017, 115: 463-476.

[44] YOUN C, ASANO S, KAWASHIMA K, et al. Flow characteristics of pressure reducing valve with radial slit structure for low noise [J]. Journal of Visualization, 2008, 11(4): 357-364.

[45] LI H, LI S, PENG J. Study of self-excited noise and pressure oscillations in a hydraulic jet-pipe servo-valve with magnetic fluids [C]//2010 3rd International Symposium on Systems and Control in Aeronautics and Astronautics.Harbin: IEEE, 2010.

[46] PHONG V, NEZHAD S T, LIU F, et al. Noise reduction of a turbofan bleed valve [C]//50th AIAA Aerospace Sciences Meeting Including the New Horizons Forum and Aerospace Exposition.Nashville: American Institute of Aeronautics and Astronautics, 2012.

[47] LEE S H, IH J G, PEAT K S. A model of acoustic impedance of perforated plates with bias flow considering the interaction effect [J]. Journal of Sound and Vibration, 2007, 303(3-5): 741-752.

[48] MENDEZ S, ELDREDGE J D. Acoustic modeling of perforated plates with bias flow for Large-Eddy Simulations [J]. Journal of Computational Physics, 2009, 228(13): 4757-4772.

[49] PHONG V, PAPAMOSCHOU D. High frequency acoustic transmission loss of perforated plates at normal incidence [J]. Journal of the Acoustical Society of America, 2013, 134(2): 1090-1101.

[50] LEE J, YI T, MAXTED K, et al. Acoustic impedance of large orifices in thin plates [J]. The Journal of the Acoustical Society of America, 2014, 135(4): 2374.

[51] ALENIUS E, ABOM M, FUCHS L. Large eddy simulations of acoustic-flow interaction at an orifice plate [J]. Journal of Sound and Vibration, 2015, 345: 162-177.

[52] BROWN M C, JONES M G, HOWERTON B M. Acoustic characterization of micro-perforate porous plates [J]. The Journal of the Acoustical Society of America, 2015, 137(4): 2402.

[53] HABIBI K, MONGEAU L. Prediction of sound absorption by a circular orifice termination in a turbulent pipe flow using the Lattice-Boltzmann method [J]. Applied Acoustics, 2015, 87: 153-161.

[54] JIA X, LIU B, FENG J, et al. Influence of an orifice plate on gas pulsation in a reciprocating compressor piping system [J]. SAGE Publications, 2015, 229(1): 64-77.

[55] QIAN J Y, ZHANG M, LEI L N, et al. Mach number analysis on multi-stage perforated plates in high pressure reducing valve [J]. Energy Conversion and Management, 2016, 119: 81-90.

[56] TEMIZ M A, TOURNADRE J, ARTEAGA I L, et al. Non-linear acoustic transfer impedance of micro-perforated plates with circular orifices [J]. Journal of Sound and Vibration, 2016, 366: 418-428.

[57] QIAN J Y, WEI L, ZHU G R, et al. Transmission loss analysis of thick perforated plates for valve contained pipelines [J]. Energy Conversion and Management, 2016, 109: 86-93.

[58] LAWN C. The acoustic impedance of perforated plates under various flow conditions relating to combustion chamber liners [J]. Applied Acoustics, 2016, 106: 144-154.

[59] SACK S, ABOM M. Investigation of orifice aeroacoustics by means of multi-port methods [J]. Journal of Sound and Vibration, 2017, 407: 32-45.

[60] MAKARYANTS G M, SVERBILOV V Y, PROKOFIEV A B, et al. The tonal noise reduction of the proportional pilot-operated pneumatic valve [C]//19th International Congress on Sound and Vibration 2012.Madrid: International Institute of Acoustics and Vibration, 2012.

[61] 刘利杰. 某调节阀的气动噪声研究 [D]. 哈尔滨: 哈尔滨工程大学, 2013.

[62] 王干新. 调节阀中采用不同内构件的降噪技术研究 [D]. 上海: 华东理工大学, 2015.

[63] LI J X, ZHAO S D. Optimization of valve opening process for the suppression of impulse exhaust noise [J]. Journal of Sound and Vibration, 2017, 389: 24-40.

[64] STADNIK D M, IGOLKIN A A, SVERBILOV V Y, et al. The muffler performance effect on pressure reducing valve dynamics [J]. Procedia engineering, 2017, 176: 706-717.

[65] 何涛, 王秋波, 王锁泉, 等. 低噪声迷宫式控制阀设计原理及数值分析 [J]. 船舶力学, 2017, 21(2): 127-137.

第 8 章

特种阀门密封分析

在工业流程系统中，特种阀门种类繁多，数量巨大，是主要的泄漏源之一。一旦特种阀门因密封失效而发生介质泄漏，将给系统带来巨大的经济损失，甚至严重威胁工业生产的正常运行和操作人员的生命安全。因此，密封技术是特种阀门可靠运行、过程工业安全生产的重要保证。本章首先归纳了特种阀门密封研究进展，并以 LNG 接收站用超低温球阀为对象，探讨了其密封性能，最后分析了加氢站发生氢气泄漏后的气体扩散行为。

8.1　特种阀门密封研究概述

密封失效是特种阀门最普遍的问题之一，也是导致工业事故的重要原因。特种阀门中常见的密封部位主要包括阀门启闭件处、中法兰与阀盖连接处以及阀杆填料处。阀门启闭件处的密封失效会导致内泄漏问题，直接影响阀门截断介质的能力和设备的正常运行；中法兰与阀盖连接处和阀杆填料处的密封失效都会导致外泄漏问题，造成工作介质损失，引起生产事故。

根据密封材料的不同，特种阀门密封形式可分为硬密封与软密封。硬密封是金属和金属之间的密封，软密封是金属和非金属之间的密封。通常来说，软密封具有密封性能更好的优点，硬密封具有耐侵蚀、使用寿命长的优点。在实际选用软、硬密封时，还要依据工艺介质、温度、压力以及阀门力矩大小等因素综合考虑后进行合理的选择。

阀门密封的原理是借助流体压力、弹性元件作用力和预压缩产生的密封力使密封副相互接触、嵌入，减小密封面之间的间隙，同时借助液体在间隙间的表面张力等，将阀门泄漏量降低到规定值之下。对于常用工况的工业阀门，满足密封比压要求就可以将泄漏量降低到许用值。但是，特种阀门通常应用于高温、高压、深冷等极端工况，密封副表面形貌、热应力、热应变、介质冲蚀、介质空化等各种因素均会显著影响特种阀门的密封性能，因此有必要针对各个因素开展特种阀门密封分析研究。

8.1.1 微观泄漏计算分析

1. 密封面的表面形貌与接触模型

密封面的表面形貌是密封加工和工作过程中表现出来的重要特征，其决定着阀门密封的密封特性，也是构建密封面接触模型的基础。表面形貌的构造方法主要有统计学方法、分形方法两种。

统计学方法通过构建粗糙表面，将表面粗糙度、纹理作为最明显的表面特征，对表面粗糙度等统计学参数进行准确测量，是真实准确还原粗糙表面形貌的重要途径。但是，由于密封面的表面形貌极其复杂，随着研究的深入，研究人员逐渐发现用统计学的特征参量来描述存在着一定局限性。

由于粗糙表面具有自相似性与自仿射性，因此可采用分形方法构造表面形貌。不少研究工作者用分形的数字工具以及寻找尺度独立的参数来描述密封面的表面形貌，来研究阀门密封面的泄漏问题。但需要注意的是，不是任意的粗糙表面都可以运用分形参数来表征表面形貌，工程表面的分形特征往往在一定的尺度范围内才成立，这个尺度范围称为无标度区间。因此，在采用分形理论研究密封面的表面形貌时，需要对无标度区间进行显著性检验，来判断无标度区间是否满足无标度条件[1]。此外，密封端面分形维数的计算方法以及分型重构方法应根据分形维数的大小以及具体情况进行选择，见表 8-1。

表 8-1　粗糙表面的分形与重构方法

分形维数的测量、计算方法	协方差法、尺码法、盒函数法、功率谱法、变差法、结构函数法、方格计数法、轮廓均方根法、小波变换法等
粗糙面表征及分形重构方法	分形布朗函数模拟法、逆傅里叶变化模拟法、W-M 函数模拟法、分形插值模拟法、复合分形模拟法、随机中点位移法 RMD 等

密封面的密封性能主要取决于密封面中微泄漏通道的形貌以及介质在微通道中的流动行为。研究在外载荷作用下密封面的接触模型是构建合理的密封面泄漏通道的基础，接触模型主要考虑粗糙面接触过程中接触面积、接触应力的变化。

目前，接触理论模型主要有 Hertz 弹性接触模型、G-W 模型和 Persson 模型[2]。其中，Hertz 弹性接触模型将粗糙峰视为半径相等的弹性半球，假设两弹性体之间为无摩擦垂直接触，两接触表面变形符合变形连续性条件。G-W 接触模型[3]将粗糙峰视为具有相同的曲率半径的旋转抛物体，微凸体的高度为随机大小，同时服从高斯分布，并且忽略凸体之间的相互作用。同 Hert 模型一样，G-W 模型将两粗糙面之间的接触过程简化为粗糙面与平面之间的接触。Persson 模型则引入分形的概念，将接触过程的接触面大小与观测尺度建立关系，为得到密封接触表面泄漏通道的分形表征，首先须进行粗糙表面分形维数的计算，并描述粗糙面的形貌特征，然后在载荷作用下，描述阀门密封面的真实接触面积、空穴面积、接触表面空穴分布函数以及轮廓分形曲线。由于 Persson 模型采用分形理论进行分析，可以描述不同尺度下的凸起，故该模型对解决大面积接触问题准确性较高。

2. 密封间隙泄漏数值计算

开展密封间隙泄漏的数值计算研究，对评价密封装置性能以及改进密封装置结构都具有指导意义。密封间隙的泄漏流动属于微纳尺度流动。目前，根据是否满足连续性假设，密封间隙的泄漏流动计算方法可分为两类：一是对于间隙很小、液膜小于 1μm 的泄漏流动，该流动可视为层流，基于连续流假设，用 Navier-Stokes 方程推导，通过对宏观控制方程中的滑移边界条件进行修正，实现边界滑移模拟；二是对于间隙尺寸更小的情况，该情况下泄漏流体不满足连续性条件，需要基于粒子碰撞模型对泄漏进行模拟，具体方法包括直接求解方程法、格子玻尔兹曼方法、直接蒙特卡洛计算法、分子动力学模拟等。

此外，由于某些密封接触界面的孔隙尺度极为细小，也有研究者将阀门密封的两个接触面形成的区域视为具有微孔隙的多孔介质模型，将渗流力学引入泄漏机理研究，通过多孔介质输运参数（渗透率 K）来描述界面微孔结构对流体渗流的影响，以建立泄漏通道与泄漏量之间的关系式 [3]。

8.1.2　密封热流固耦合计算

1. 热应力与热应变

阀门密封部件在受热或者变冷时，均会由于热胀冷缩产生变形，即热应变。当这些变形受到某些约束时，如位移约束或者相反的压力作用，就会在结构中产生热应力。

研究表明，高、低温形变产生的热应力与热变形会对密封性能产生很大的影响。例如，在超低温工况下，产生的热应力与热应变会导致 LNG 用超低温球阀的密封面变形而产生间隙，进而造成 LNG 的泄漏。因此，为提高特种阀门密封的可靠性，有必要对低温阀门密封的温度场与热应力进行分析，研究其变形、等效应力的变化规律，找到最大应力及变形出现的位置并进行优化，以保证密封部件不发生严重变形。目前，热应力与应变分析的主要技术手段是通过 ANASYS、ABAQUS 等计算软件，进行热流固耦合计算 [4]，获得应力分布云图和形变云图。

2. 密封比压

密封比压是指作用在单位密封面面积上的平均正压力，它能直接反映出阀门的密封性能和技术特点，是衡量阀门密封性能的重要外在指标。密封的失效问题大多源于密封比压不足。通过研究密封比压分布规律，以及密封比压大小与介质压力、阀座宽度、密封材料力学性能之间的关系，使阀门的密封设计建立在科学计算的基础上，是延长阀门使用寿命、提高阀门密封可靠性的重要途径。目前特种阀门向高温高压、大流量、大减压比等严苛工况发展，其复杂工况下密封比压计算往往通过热流固耦合数值模拟研究完成。在未来的高、低温阀门密封性能研究中，预计热流固耦合数值模拟手段会起到关键作用。

8.1.3 密封面损伤研究

1. 冲击对密封面的影响

冲击瞬态仿真模拟方法已经可以较好地应用于计算碰撞冲击应力以及密封面的损伤研究中。基于接触与碰撞冲击理论，可建立密封面的碰撞冲击模型，并以此分析密封面上的应变与应力在短时间内发生的变化，进而分析冲撞速度、撞击面积等关键参数对阀门密封面冲击特性的影响。

2. 冲蚀对密封面的影响

冲蚀易发生在阀门过流面积或流向突然变化处。其机理为混合介质（含有固体颗粒的液体、含有液滴的气体等）在传输过程中，会对特种阀门的阀杆和密封面等部位产生强烈的损伤，进而产生裂纹。此外，裂纹处的电化学腐蚀也会加速阀门密封面的破坏。综上，冲蚀速率 T 在数学上可表示为

$$T = E + C + S \tag{8-1}$$

式中，C、E 分别是电化学腐蚀速率与冲刷磨损腐蚀速率；S 是电化学腐蚀及机械磨损相互作用下对腐蚀的增效速率。

冲蚀分析的技术路线通常如下所述：首先，以计算流体力学及冲蚀理论为基础，建立基于离散相模型与冲蚀模型的数学模型；其次，分析流场特性和冲蚀特性，探索颗粒或液滴含量、开度变化、流动速度、颗粒或液滴直径等因素在阀门不同位置上对冲蚀速率及其分布特性的影响；最后，进行详细的冲蚀特性分析，归纳出在这些参量中影响冲蚀速率的主要因素[5]。

3. 空化对密封面的影响

在压差较大的工况中，液体介质流过特种阀门节流处时，流速迅速增大，压力迅速降低，可能会形成气泡。随着流动发展，介质中的气泡由于压力突变而破裂，并对密封面产生严重的破坏。空化现象对阀门密封面的损坏也是导致阀门密封失效的常见形式。通过数值模拟及实验研究找空化原因，获得避免空化的方法，是避免阀门密封面密封效果受空化现象影响的有效途径[6]。

4. 疲劳破坏对密封面的影响

生产阀门密封面的坯料会不可避免地出现一些质量缺陷，如铸造时产生的砂眼、缩松、缩孔等。此外，还可能存在由于热处理不当引起的密封面裂纹，以及安装不当造成的密封面划伤。阀门密封面在承受多次交变循环载荷后，应力集中区产生的局部裂纹、原有缺陷裂纹会慢慢扩展变大，最后发生不可逆的疲劳破坏，最终导致阀门密封失效。

疲劳累积损伤理论是疲劳寿命分析的理论基础，其根据循环外载荷作用的大小可分为应力疲劳和应变疲劳，根据应力大小的不同分可为 *S-N* 曲线法和局部应力应变法（兰德格拉夫损伤公式、道林损伤公式、史密斯损伤公式）。对于阀门密封面的疲劳分析，现在普遍认为，在真实工作载荷的作用下，密封面处的最大应力小于所用材料的屈服强度，故计算阀门密封面寿命时采用应力疲劳 *S-N* 曲线法进行分析。目前，基于疲劳的基本理论和分析方法，通过有限元分析软件与 MSC.Fatigu 软件联合仿真分析阀门密封的疲劳寿命是普遍的技术手段[7]。

8.2　超低温球阀密封技术

天然气作为一种低碳、高质量的清洁能源载体，是目前可用能源的最佳来源。天然气主要以液化天然气（LNG）的形式通过管道或船舶运输。近年来，由于 LNG 的大量使用，相应的 LNG 接收站和 LNG 船用系统的需求急剧增加。低温球阀因其结构简单，互换性强，安装方便，易于清洗等优点[8,9]，在 LNG 接收站中广泛应用，因此国内外对低温球阀的需求也在迅速增大。由于 LNG 用超低温球阀长期处在低温环境下工作，若因密封性能不足而导致泄漏，将会给系统带来巨大的危害，甚至严重威胁工业生产的正常运行和操作人员的生命安全，因此其密封性能要求普遍较高[10]。本节基于热流固耦合分析方法，研究了 LNG 用超低温球阀的密封性能，分析了 LNG 用超低温球阀的应力与应变。

8.2.1　研究模型

1. 分析流程

根据 LNG 用超低温球阀的实际工况，本节制定了基于 ANSYS Workbench 平台的热流固耦合分析流程，如图 8-1 所示。

首先在三维建模软件中对球阀的固体结构与内部流域进行实体建模，然后利用 Workbench 平台中的 Mesh 模块进行网格划分；接着采用 Fluent 进行流动仿真，同时将固体结构几何模型导入稳态热分析模块中，将流体温度作为热边界条件，求解温度场的分布情况；最后，将 Fluent 软件和热分析中得到的仿真结果关联到结构分析模块中，从而将流体域边界层的压力和机械结构的温度分布传递给机械结构作为载荷条件，同时设定相应的约束，求解得到机械结构的形变以及等效应力等情况。

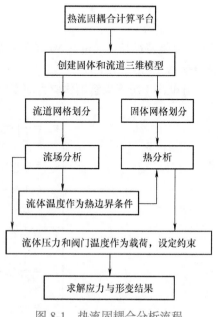

图 8-1　热流固耦合分析流程

2. 控制方程

本节进行流场分析时，所涉及的流体流动是不可压缩的，其可用连续性方程和动量方程来描述。

在热分析中，存在对流传热过程和导热过程，导热微分方程如下：

$$\alpha\left(\frac{\partial^2 T}{\partial x^2} + \frac{\partial^2 T}{\partial y^2} + \frac{\partial^2 T}{\partial z^2}\right) + \frac{q_v}{c_p \rho} = 0 \tag{8-2}$$

式中，α 是热扩散率（m^2/s）；q_v 是内热源强度（W/m^2）；c_p 是比定压热容 [$kJ/（kg \cdot K）$]；ρ 是密度（kg/m^3）。

传热的微分方程和对流传热的微分方程如下：

$$h\left(T_f - T_w\right) = \lambda\left(\frac{\partial T}{\partial \boldsymbol{n}}\right)_w \tag{8-3}$$

式中，h 是表面传热系数 [$W/（m^2 \cdot K）$]；λ 是热导率 [$W/（m^2 \cdot K）$]；T_f、T_w 分别是流体和内壁温度（K）；$\boldsymbol{n}$ 是法向。

表面传热系数 h 可由经验公式计算得出：

$$Nu = 0.046 Re^{0.8} Pr^{0.3} \tag{8-4}$$

$$h = \frac{\lambda}{d} Nu \tag{8-5}$$

$$Re = \frac{\rho u d}{\mu} \tag{8-6}$$

式中，d 是特征长度（m）；Nu 是努塞尔数；Re 是雷诺数；Pr 是普朗特数；λ 是流体的热导率 [$W/（m^2 \cdot K）$]。

在低温工况下求解固体应力应变的物理方程为

$$\begin{cases}
\varepsilon_{xx} = \dfrac{1}{E}\left[\sigma_{xx} - \mu\left(\sigma_{yy} + \sigma_{zz}\right)\right] + \alpha_T \Delta T \\[2mm]
\varepsilon_{yy} = \dfrac{1}{E}\left[\sigma_{yy} - \mu\left(\sigma_{xx} + \sigma_{zz}\right)\right] + \alpha_T \Delta T \\[2mm]
\varepsilon_{zz} = \dfrac{1}{E}\left[\sigma_{zz} - \mu\left(\sigma_{xx} + \sigma_{yy}\right)\right] + \alpha_T \Delta T \\[2mm]
\gamma_{xy} = \dfrac{1}{G}\tau_{xy} \\[2mm]
\gamma_{yz} = \dfrac{1}{G}\tau_{yz} \\[2mm]
\gamma_{zx} = \dfrac{1}{G}\tau_{zx}
\end{cases} \tag{8-7}$$

式中，ε_{ij} 方向上是 ij 方向上的线应变；E 是弹性模量（MPa）；σ_{ij} 是 ij 方向上的正应力（MPa）；μ 是泊松比；α_T 是热膨胀系数（K^{-1}）；ΔT 是物体内部温差（K）；γ_{ij} 方向上是 ij 方向上的切应变；G 是标准吉布斯自由能（J/mol）；τ_{ij} 是 ij 方向上的切应力（MPa）。

热流固耦合方法遵循最基本的守恒原理。在耦合界面，满足流体与固体的应力、位移、热流、温度等变量相等或守恒，即满足以下公式：

$$\tau_f \boldsymbol{n}_f = \tau_s \boldsymbol{n}_s \tag{8-8}$$

$$d_f = d_s \tag{8-9}$$

$$q_f = q_s \tag{8-10}$$

$$T_f = T_s \tag{8-11}$$

式中，下标中的 f 和 s 分别代表流体和固体；d 是位移（mm）；q 是热流量（W）；$\boldsymbol{n}$ 为法向。

3. 几何模型

LNG 用超低温球阀主要由执行机构、阀杆、阀盖、螺栓与螺母、球体、阀体、阀座、唇形密封圈等零部件组成。阀盖和阀体接触面之间设置有唇形密封圈，用于防止介质外泄。建立 LNG 用超低温球阀的三维实体模型时，在保证计算精度的前提下，应尽可能地进行模型简化，以提高网格质量。通过简化处理忽略一些不影响球阀总体性能的结构特征，得到的 LNG 用超低温球阀简化模型如图 8-2 所示；然后对模型进行流道抽取，可得到某开度下的流道模型。

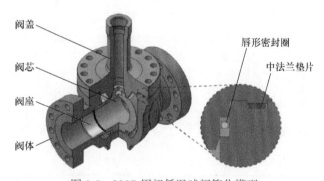

图 8-2　LNG 用超低温球阀简化模型

4. 网格划分及数值模拟设置

流体域和固体域均采用 ANSYS Workbench 中的 Mesh 模块进行网格划分。固体域采用非结构网格进行划分，同时对唇形密封及与之接触的面进行网格细化，如图 8-3a 所示。流体域的混合网格划分如图 8-3b 所示。为获得最佳的网格质量和计算效率，对流体域的网格数量进行独立性验证。图 8-4 所示为在不同网格数与不同开度下的阀门进出口压差。从图 8-4 中可以看出，在小开度下，尤其是相对开度为 22.2% 时，粗网格计算结果相比中等网格计算结果差 13.8%，而中等网格计算结果只比细网格计算结果偏差 3.6%，可认为基本不变化。因此选取网格数量为 909863 的中等网格数量进行计算。

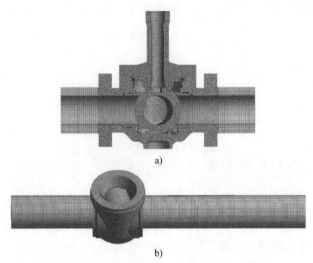

图 8-3　固体域和流体域的网格划分

a) 固体域的非结构网格划分　b) 流体域的混合网格划分

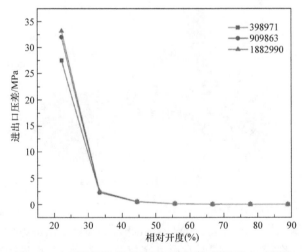

图 8-4　在不同网格数和不同开度下的阀门进出口压差

流体瞬态模拟计算采用 Fluent 软件完成。介质设置为 111.15K 的 LNG。通过开启能量方程获得阀内壁面的温度分布情况。进口流速设为 2m/s，进口温度设为 111.15K，流体出口压力设为 16MPa。采用 SIMPLE 算法和一阶迎风的离散格式。

热分析采用 Workbench 中的 Steady-State Thermal 模块完成，阀内壁面温度通过流场分析获得。在工程实际中，LNG 超低温球阀外部设有保冷层，因此可设定阀体外壁面与空气的对流换热系数 $h_1 = 1 \times 10^{-6}$W/（mm^2·℃），阀盖表面不设有保冷层，与空气直接接触，设其对流换热系数为 $h_2 = 1 \times 10^{-2}$W/（mm^2·℃）。

结构分析采用 Workbench 中的 Static Structural 模块完成，流场计算得到的压力和热分析计算得到的温度分布作为载荷加载至结构分析中。阀体材料设为 ASTM A182 CF8M，阀盖、阀座、球体和阀盖均设为 ASTM A182 FXM-19，唇形密封圈材料设为聚四氟乙烯（PCTFE）。为避免边界约束对计算结果的影响，对阀体法兰端进行加长处理，加长段的端面设为固定约束。阀盖上端面设置为固定约束，同时假设唇形密封圈内壁面受到弹簧作用。唇形密封圈与阀盖和阀体的密封接触面设为摩擦接触，摩擦因数为 0.2；阀座与球体之间的接触设为摩擦接触，摩擦因数为 0.15；其余接触均为绑定接触。

8.2.2　开启过程阀内流动分析

本节采用滑移网格对 LNG 用超低温球阀开启过程进行数值分析，各开度下的压力分布和速度分布如图 8-5 所示。由图 8-4 与图 8-5a 可知，球阀在小开度下，尤其当相对开度小于 33.3% 时，进出口压差较大，但随着相对开度的增加，进出口压差先骤减然后平缓减小，相对开度达到 100% 时基本无压差存在。这是因为随着相对开度的增加，阀芯的流通面积增大，流阻减小。图 8-5b 所示为超低温球阀开启过程中阀内的速度分布。最大速度总是出现在阀芯进口端和出口端，且相对开度越小，两处的速度值越大，因此阀芯两端是最容易遭受冲击磨损的。

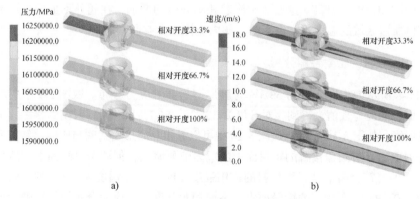

图 8-5　各开度下的压力分布和速度分布

a) 压力分布　b) 速度分布

随着超低温球阀相对开度的增加，阀内的温度场分布也发生变化。超低温球阀与流体接触的内壁面的温度分布如图 8-6 所示。球阀刚开启时下游为常温段，如图 8-6a 所示；当阀门开启后，冷流体开始逐渐占据整个下游管道，并将冷量传递给内壁面，如图 8-6b、c 所示。定义阀体和阀芯之间的区域为流体滞留区域。当小开度时，大部分流体流入流体滞留区域，只有小部分流体流入阀芯；然而随着阀门相对开度的增加，流通面积增加，此时进入流体滞留区域的流体流量明显小于进入阀芯内的流体流量。因此，随着相对开度的增加，在阀外不加保温层的情况下，流体滞留区域的温度受常温影响而有所升高。

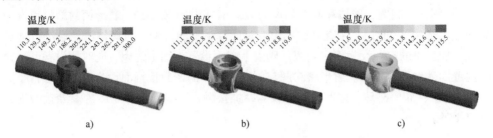

图 8-6　超低温球阀与流体接触的内壁面的温度分布

a) t = 6s（相对开度 16.7%）　b) t = 18s（相对开度 50.0%）　c) t = 30s（相对开度 83.3%）

8.2.3　结构温度场分析

图 8-7 所示为超低温球阀的温度分布。从图 8-7a 中可以看出，阀体温度处于超低温状态，而在阀盖中，越靠近阀体的部分温度越低。在图 8-7a 所示超低温球阀上取一路径，从阀座内壁面垂直向上到阀盖外表面（图 8-7a 中从 1 处到 2 处）。各开度下该路径上的温度分布曲线如图 8-7b 所示。在全开度下，沿该路径的温差逐渐减小，而在相对开度为 33.3% 和 66.7% 时，沿该路径的温差逐渐增大。在相同位置时，随着相对开度的增加，温度升高。这是因为随着相对开度的增加，在阀外不加保温层的情况下，流体滞留区域的温度受常温影响，阀内流体温度有所升高。

8.2.4　阀盖及法兰密封性能分析

图 8-8 所示为相对开度为 33.3% 时唇形密封圈的应力分布。取图 8-9 中所示的密封接触面上的应力数值，得到相对开度为 33.3%、66.7% 和 100% 时密封接触面上的应力分布曲线，如图 8-10 所示。从图 8-10 中可以看出，唇形密封圈与阀体接触的密封面上的应力值比其与阀盖接触的密封面上的应力值要略大，但两个接触面上的应力值均小于 55MPa，符合唇形密封圈材料的许用强度（PCTFE 在温度为 144K 的时候，许用强度为 150MPa）。在相同的接触面上，不同相对开度下的应力分布规律相似，但应力随着相对开度的增加而降低。这是因为随着相对开度的变大，球阀上的温差变小。

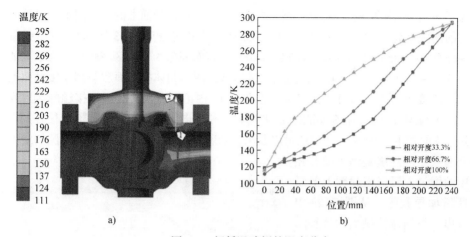

a)

图 8-7　超低温球阀的温度分布

a) 相对开度为 16.7% 时的温度分布　　b) 路径上的温度分布曲线

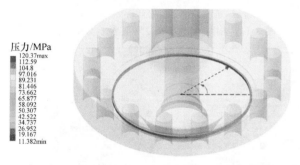

图 8-8　相对开度为 33.3% 时唇形密封圈的应力分布

图 8-9　密封接触面

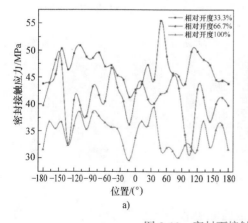

a)

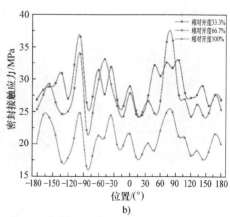

b)

图 8-10　密封面接触上的应力分布曲线

a) 与阀体接触面　　b) 与阀盖接触面

为了深入分析唇形密封圈的密封性能，提取了密封接触面上的接触间隙，对接触面之间的间隙变化情况进行了研究。图 8-11 所示为相对开度为 33.3% 时唇形密封圈密封接触面上的接触间隙分布。由图 8-11 可见，接触间隙为零的区域较少。为了更加直观地分析接触间隙的变化情况，提取了唇形密封圈与阀体接触面和与阀盖接触面上的各位置的接触间隙，如图 8-12 所示。从图 8-12 中可以看出，与阀体接触的接触间隙明显大于与阀盖接触的接触间隙，唇形密封圈整体向阀盖靠近，这种情况很容易导致泄漏现象的发生。从图 8-12 中还可以看出，随着相对开度的增加，接触间隙的最大值反而是减小的。这是因为随着相对开度的增加，唇形密封圈上的温度有所增加导致的。从图 8-12a 中可以看出，与阀体接触面的接触间隙最小值在 0° 和 180° 的位置上，且区域较大。从图 8-12b 中可以看出，与阀盖接触面的接触间隙有少部分区域较大，但大部分区域的接触间隙接近于零。

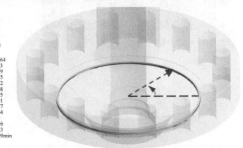

图 8-11　相对开度为 33.3% 时唇形密封圈密封面上的接触间隙分布

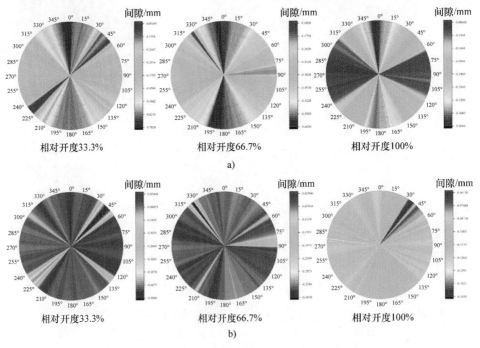

相对开度33.3%　　相对开度66.7%　　相对开度100%

a)

相对开度33.3%　　相对开度66.7%　　相对开度100%

b)

图 8-12　各位置的接触间隙

a) 与阀体接触面　b) 与阀盖接触面

综上，球阀开启后，内部流动逐渐趋于平缓，能量损失减小，阀体与阀芯之间的流体滞留区域的温度随时间的增加而有所升高。阀体一直处于深冷温度，而阀盖及与阀盖接触的位置，沿内壁面到外壁面温度逐渐增加。在超低温条件下，唇形密封圈仍能满足许用强度，但与阀体接触的密封面上存在较大的间隙，容易发生唇形密封圈密封失效的问题。

8.3　氢气泄漏后的扩散行为分析

加氢站作为实现氢能汽车商业化的必备基础设施，受到世界各国政府的高度重视。氢气具有密度小、扩散系数大、点火温度低、爆炸极限宽和燃烧火焰速度快、爆炸强度大等特点。而加氢站内设备较多，并且一般建在车辆人员来往频繁的交通干道两侧，周围环境复杂，受到众多点火源的威胁，站内存储的大量高压氢气一旦发生泄漏并被点燃，则极易引发喷射火、闪火和大规模可燃气云爆炸等事故，严重威胁人民群众的生命和财产安全。开展加氢站规模的高压氢气微量泄漏研究，可以为加氢站的氢气微量泄漏监测系统优化和加氢站安全风险分析及评价奠定坚实的基础。由于开展加氢站规模的高压氢气泄漏爆炸实验危险大、成本高，因此本节基于真实加氢站建立完整的几何模型，采用数值模拟方法研究了加氢站氢气泄漏扩散在时间和空间上的变化情况。

8.3.1　研究模型

1. 模型介绍

加氢站内容易发生泄漏的主要设备有加氢机、拖车氢气瓶与高压氢气储罐，其简化模型如图 8-13 所示。由于高压氢气储罐储氢时间长，储氢容量大，发生泄漏事故概率最大，因此本章研究中主要对高压氢气储罐泄漏时的氢气扩散行为进行研究，其中泄漏口简化为直径 10mm 的小孔，位于泄漏面中央，氢气沿 y 轴正方向发生泄漏。

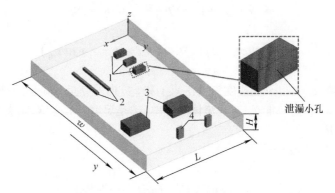

图 8-13　加氢站的简化模型

1—高压氢气储罐　2—拖车氢气瓶　3—氢气压缩机　4—加氢机

为精确捕捉氢气泄漏过程中氢气体积分数的变化，确定网格划分策略为：对泄漏孔附近网格进行局部加密，而在边界区适当减少网格数量，其网格划分如图 8-14 所示。

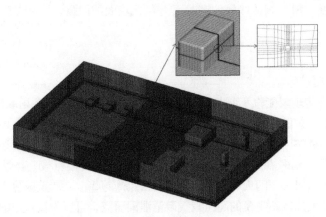

图 8-14　网格划分

2. 控制方程

数值模拟过程中，为简化计算，做出如下假设：计算空间内流体为不可压缩流体，呈湍流状态；空气与氢气的混合物视为理想气体，遵循理想气体状态方程；泄漏扩散中不涉及化学反应；系统与外界无热量交换；氢气泄漏过程中泄漏速率不变。

基于以上假设，该模拟过程中所需求解的连续性方程、动量方程和能量方程分别表示为

$$\frac{\partial \rho \boldsymbol{u}}{\partial x} + \frac{\partial \rho \boldsymbol{v}}{\partial y} + \frac{\partial \rho \boldsymbol{w}}{\partial z} = 0 \qquad (8\text{-}12)$$

$$\nabla \cdot (\rho \boldsymbol{uu}) = -\nabla p + \nabla \cdot (\mu \nabla \boldsymbol{u}) + \rho \boldsymbol{g} \qquad (8\text{-}13)$$

$$\nabla \cdot \left[\boldsymbol{u}(\rho E + p) \right] = \nabla \cdot \left[\lambda \nabla T - \sum_i h_i \boldsymbol{J}_i + \boldsymbol{u}(\boldsymbol{\tau}_{\text{eff}}) \right] \qquad (8\text{-}14)$$

式中，ρ 是密度；$\boldsymbol{u}$、$\boldsymbol{v}$ 和 $\boldsymbol{w}$ 是速度矢量在 x、y 和 z 方向的分量；μ 是动力黏度；p 是静压；$\boldsymbol{g}$ 是重力加速度；E 是总能量；λ 是流体热导率；T 是温度，h_i 是焓；$\boldsymbol{J}_i$ 是扩散通量；$\boldsymbol{\tau}_{\text{eff}}$ 是等效应力张量。

组分质量守恒方程为

$$\nabla \cdot (\rho \boldsymbol{u} Y_i) = \nabla \cdot \left(\rho D_{i,m} + \frac{\mu_{\text{t}}}{Sc_{\text{t}}} \nabla Y_i \right) \qquad (8\text{-}15)$$

式中：$D_{i,m}$ 是混合物中第 i 种组分的质量扩散系数，Sc_{t} 是湍流施密特数，μ_{t} 是湍流黏度。

湍流模型选取 Realizable k-ε 模型，湍动能 k 及其耗散率 ε 由以下方程求解。

$$\frac{\partial}{\partial x_j}(\rho k u_j) = \frac{\partial}{\partial x_j}\left(\mu + \frac{\mu_t}{\sigma_k}\right)\frac{\partial k}{\partial x_j} + G_k - \rho\varepsilon \qquad (8\text{-}16)$$

$$\frac{\partial}{\partial x_j}(\rho\varepsilon u_j) = \frac{\partial}{\partial x_j}\left(\mu + \frac{\mu_t}{\sigma_\varepsilon}\right)\frac{\partial\varepsilon}{\partial x_j} - \rho C_2 \frac{\varepsilon^2}{k+\sqrt{\nu\varepsilon}} \qquad (8\text{-}17)$$

式中，G_k 是平均速度引起的湍动能 k 的产生项；σ_k 是 k 方程的湍流普朗特数；σ_ε 是 ε 方程的湍流普朗特数；C_2 是常数。

在多数情况下，高压氢气泄漏扩散初期均属于亚膨胀射流，即泄漏处的马赫数小于或等于 1，泄漏速度最大只能达到当地声速。高压氢气亚膨胀射流模型如图 8-15 所示。氢气在泄漏入口 2 处的速度仅为当地声速，但压力却高于大气压力，随后在真实泄漏口 3 至假想泄漏出口 4 这一区域内进一步膨胀至与环境压力相同[11]。

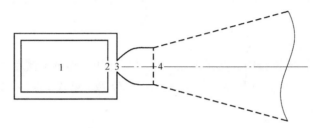

图 8-15　高压氢气亚膨胀射流模型[11]

1—气瓶内部　2—泄漏入口　3—真实泄漏出口　4—假想泄漏出口

Molkov 等[12] 基于 Abel-Noble 氢气状态方程、能量守恒方程和质量守恒方程，推导得出了高压氢气亚膨胀射流的泄漏速度计算方法，见式（8-18）～式（8-22）。

Abel-Noble 氢气状态方程：

$$\rho_1 = \frac{p_1}{bp_1 + RT_1} \qquad (8\text{-}18)$$

式中，ρ_1 是气瓶内氢气密度（kg/m³）；p_1 是气瓶内压力（MPa）；T_1 是气瓶内氢气温度（K）；b 是 Abel-Noble 余容系数，$b = 7.69 \times 10^{-3}$；R 是氢气气体常数，$R = 4124.24$ J/(kg·K)。

由质量守恒方程和能量守恒方程可进一步得到：

$$\left(\frac{\rho_1}{1-b\rho_1}\right)^{\kappa-1} = \left(\frac{\rho_3}{1-b\rho_3}\right)^{\kappa-1}\left[1+\frac{\kappa-1}{2(1-b\rho_3)^2}\right] \qquad (8\text{-}19)$$

$$\frac{T_1}{T_3} = 1 + \frac{\kappa-1}{2(1-b\rho_3)^2} \qquad (8\text{-}20)$$

式中，κ 是绝热指数，对于氢气，$\kappa = 1.4$；ρ_3 是真实泄漏口处氢气密度（kg/m³）；T_3 是真实泄漏口处氢气温度（K）。

$$\rho_3 = \frac{p_3}{bp_3 + RT_3} \tag{8-21}$$

式中，p_3 是真实泄漏口处氢气压力（MPa）；

$$v_3 = \sqrt{\frac{\kappa p_3}{\rho_3(1 - b\rho_3)}} \tag{8-22}$$

式中，v_3 是真实泄漏口处氢气速度（m/s）。

本模拟中，该高压氢气储罐的容积是 1.12m³，计算过程中假设储罐内气体温度和环境温度相等，泄漏总时长由式（8-23）计算：

$$t = \frac{\rho_1 V}{Q_m} \tag{8-23}$$

式中，Q_m 是质量流量（kg/s）。

在氢气泄漏扩散过程中，其扩散路径主要受到初始动量（惯性力）和浮力的影响。Schefer 等[13] 根据动量和浮力的比值提出了 Fr 数 [见式（8-24）] 来判定氢气泄漏过程中的扩散路径。

$$Fr = \frac{v}{\sqrt{gd(\rho_\infty - \rho)/\rho}} \tag{8-24}$$

式中，v 是真实泄漏速度（m/s）；g 是重力加速度（m/s²）；d 是泄漏孔直径（m）；ρ_∞ 是环境空气密度（kg/m³）；ρ 是氢气密度（kg/m³）。

当 $Fr \leq 10$ 时，其扩散路径由浮力主导；当 $10 < Fr < 1000$ 时，其扩散路径为动量 - 浮力主导；当 $Fr \geq 1000$ 时，其扩散路径受动量主导。不同影响机制下氢气的扩散路径如图 8-16 所示。

图 8-16 不同影响机制下氢气的扩散路径

8.3.2 动量 - 浮力主导下氢气泄漏扩散分析

本小节主要分析了动量 - 浮力主导下的氢气泄漏扩散行为。氢气泄漏速度分别为 200m/s、500m/s 和 800m/s，氢气沿 y 轴正方向发生泄漏。为方便讨论，将 x、y、z 方向分别表述为自然对流方向、泄漏方向以及浮力 / 重力方向。

图 8-17 所示为泄漏速度为 500 m/s 时，动量 - 浮力主导下的氢气体积分数在时间和空间上的变化。受初始动量的影响，一旦泄漏开始，氢气沿着泄漏方向扩散，如图 8-17a、b 所示。氢气在扩散过程中与周围空气不断碰撞，因此初始动量影响逐渐减弱。此后，受浮力影响，氢气沿浮力方向扩散，如图 8-17c、d、e 所示。

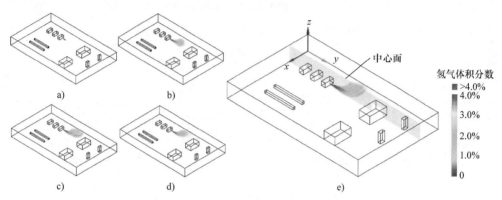

图 8-17 泄漏速度为 500 m/s 时动量 - 浮力主导下氢气体积分数在时间和空间上的变化
a）$t=0.25s$ b）$t=5s$ c）$t=10s$ d）$t=20s$ e）$t=25s$

显然，随着氢气的不断扩散，可燃云（氢气体积分数为 4%～75.6%）轮廓进一步扩大。为了定量研究可燃云变化情况，将图 8-17e 所示的中心平面上可燃云轮廓随时间的变化数据进行提取，如图 8-18 所示。

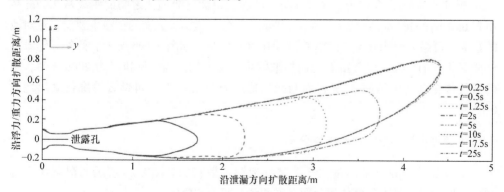

图 8-18 泄漏速度为 500m/s 时可燃云分布范围随时间的变化

从图 8-18 可以看出，在泄漏开始时，氢气的扩散主要受初始动量的影响。在 $t =$ 0.25s 时，可燃云与泄漏孔之间的最大距离在泄漏方向上为 1.7m，在浮力 / 重力方向上为 0m。随着泄漏时间的增加，可燃云在泄漏方向上的扩散速率不断下降。但在浮力方向，其扩散速率先增加，然后降低。当泄漏时间增加到 5s 以上后，可燃云与泄漏孔之间在泄漏方向和浮力 / 重力方向上的距离分别保持恒定值 4.1m 和 0.75m。

为了考察泄漏速度对可燃云轮廓分布的影响，图 8-19 绘制了 y-z 平面与 x-z 平面上不同泄漏速度下的可燃云轮廓图。

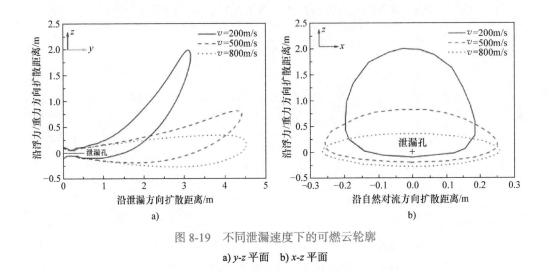

图 8-19　不同泄漏速度下的可燃云轮廓

a) y-z 平面　b) x-z 平面

从图 8-19 中可以看出，随着泄漏速度的增加，初始动量对氢气扩散路径的影响更加明显。当泄漏速度从 200m/s 增加到 800m/s 时，可燃云轮廓在泄漏方向的距离从 3.2m 延伸至 4.5m，在浮力 / 重力方向，可燃云轮廓与泄漏孔之间的距离从 2.07m 减小到 0.61m，如图 8-15a 所示。在 x-z 平面，氢气扩散沿 x 方向的扩散主要受自然对流的影响，可燃云轮廓在 x 方向沿着泄漏孔对称分布，如图 8-19b 所示。此外，随着氢气泄漏速度的增加，氢气沿着地面扩散的可能性增加。当泄漏速度为 200m/s 时，可燃云气体轮廓高出地面 0.3m ；而当泄漏速度为 800m/s 时，可燃云轮廓仅高出地面 0.15m。

8.3.3　动量主导下氢气泄漏扩散分析

本小节主要分析了动量主导下氢气泄漏扩散行为。图 8-20 所示为泄漏压力为 40MPa 时动量主导下氢气体积分数在时间和空间上的变化。

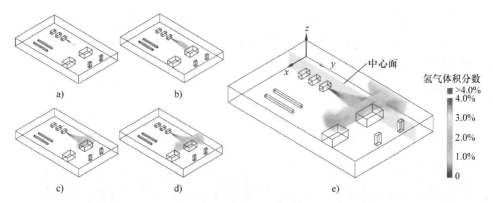

图 8-20　泄漏压力为 40MPa 时动量主导下氢气体积分数在时间和空间上的变化

a）t=0.25s　b）t= 2s　c）t= 5s　d）t= 10s　e）t= 17.5s

　　由于较高的初始压力，在整个泄漏过程中，氢气扩散路径由动量主导。氢气沿着泄漏方向的扩散如图 8-20a、b 所示。随着氢气的不断扩散，当扩散至逐渐靠近前方障碍物时，由于受障碍物影响，其扩散路径发生变化，开始沿着障碍物两侧迅速扩散，如图 8-20c、d、e 所示。图 8-21 所示为泄漏压力为 40MPa 时可燃云分布范围随时间的变化。从图 8-21 中可看出，在泄漏初始阶段，可燃云的轮廓沿泄漏方向移动。在 t = 1.25s 之后，可燃云的轮廓保持恒定，并且与泄漏孔的最大距离在泄漏方向为 5.85m。这是由于随着氢气的不断扩散，在泄漏方向氢气的浓度梯度逐渐减小造成的，如图 8-22 所示。

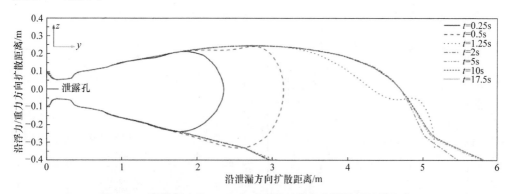

图 8-21　泄漏压力为 40MPa 时可燃云分布范围随时间的变化

　　图 8-23 所示为 y-z 平面与 x-z 平面不同泄漏压力下的可燃云轮廓。从图 8-23 中可以看出，当泄漏压力从 40MPa 增加到 80MPa 时，可燃云轮廓在泄漏结束瞬间基本相同。在 y-z 平面，其不同于动量 - 浮力主导下氢气的扩散路径，由于储罐较高的内压，不仅使得氢气泄漏时速度增加，同时使得罐内氢气密度较大。因此，在氢气扩散过程中，其扩散路径受到初始动量和重力的共同作用。在扩散过程中，氢气与周围大气相

互碰撞,动量对其扩散路径的影响逐渐减小,而重力逐渐占据主导,使得可燃云轮廓沿着地面扩展。在 x-z 平面,氢气扩散路径在 x 方向主要受到自然对流的影响,可燃云轮廓沿泄漏孔对称分布。

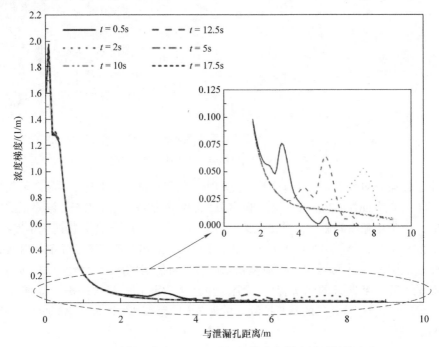

图 8-22 泄漏压力为 40MPa 时氢气的浓度梯度随时间的变化

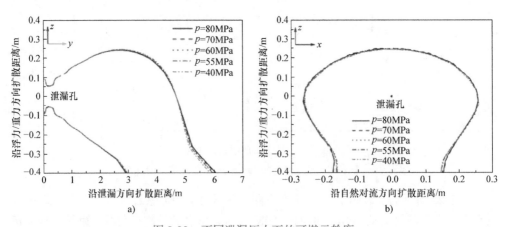

图 8-23 不同泄漏压力下的可燃云轮廓

a) y-z 平面 b) x-z 平面

对比图 8-19 和图 8-23 可以看出,当氢气扩散受动量主导时,可燃云更易在地面扩散；而在动量 - 浮力主导下，可燃云沿浮力方向的扩散更为明显。同时，对比两种机制下自然对流方向的可燃云轮廓可以看出，由于自然对流方向氢气扩散主要受浓度差驱动，其扩散轮廓受泄漏初始状况影响较小，除泄漏速度为 200 m/s 时以外，其他情况下，泄漏孔与可燃云的边缘轮廓之间的距离几乎相同。

参考文献

[1] 孙见君 . 机械密封泄露预测理论及其应用 [M]. 北京：中国电力出版社，2010.

[2] 张健 . 安全阀金属密封及整定压力偏差致因研究 [D]. 上海：华东理工大学，2018.

[3] 白花蕾，王伟，张振生，等 . 基于多孔介质模型的指尖密封泄漏流动分析 [J]. 航空动力学报，2016，31(6)：1303-1308.

[4] 罗起飞 . 大口径 LNG 超低温球阀瞬态传热及密封研究 [J]. 山东工业技术，2015，(11)：11.

[5] 徐亮亮，王正东，于新海，等 . 气动疏水阀冲蚀工况数值模拟及结构优化 [J]. 流体机械，2017，45(2)：32-37.

[6] 孟新凌，李忠，朱东升，等 . 高温高压截止阀免冲刷和抗汽蚀性能分析研究 [J]. 阀门，2016(6)：16-18.

[7] 陆俊杰，吴晨，安琦 . 基于微观接触力学的旋塞阀密封面疲劳寿命数值研究 [J]. 华东理工大学学报 (自然科学版)，2020，46(2)：284-292.

[8] 杨源泉 . 阀门设计手册 [M]. 北京：机械工业出版社，1992.

[9] 章华友，晏泽荣，陈元芳 . 球阀设计与选用 [M]. 北京：北京科学技术出版社，1994.

[10] 李连翠 . 大口径 LNG 超低温球阀瞬态传热及密封研究 [D]. 兰州：兰州理工大学，2014.

[11] 李静媛 . 加氢站高压氢气充装策略及泄漏爆炸后果预测研究 [D]. 杭州：浙江大学，2015.

[12] MOLKOV V M D, BRAGIN M. Physics and modelling of under-expanded jets and hydrogen dispersion in atmosphere [J]. Phys Extrem State Matter，2009，11(6)：143-145.

[13] R S，W H，T W. Investigation of small-scale Hydrogen jet flames s of hydrogen: momentum-dominated regime [J]. International Journal of Hydrogen Energy，2008，33(21)：6373-6384.